高等学校土木建筑专业应用型本科"十四五"系列教材

画法几何与土木工程制图习题集

（第 4 版）

主　编　于习法　周　佶

副主编　郑　钢　赵冰华　董国庆

　　　　谢　伟　张振东　程小武

东南大学出版社

·南京·

内 容 提 要

本习题集与东南大学出版社出版的于习法、周佶主编的《画法几何与土木工程制图》(第4版)教材配套使用。主要内容与配套教材一一对应，涵盖了制图基础、投影理论、投影制图及专业图等工程制图的基本内容。本书提供了教学课件，极大地方便了教师的课堂教学。

本习题集适用于高等院校大土木类(包括建筑、水利、暖通电器、道路桥梁等)各专业及非机类少学时专业制图课程的本科生教学，也可作为职大、自学考试及各类培训班的教学辅导材料。

图书在版编目(CIP)数据

画法几何与土木工程制图习题集 / 于习法，周佶主编. -- 4版. -- 南京：东南大学出版社，2025.2.
(高等学校土木建筑专业应用型本科系列规划教材 / 戴望炎主编). -- ISBN 978-7-5766-1725-2
Ⅰ. TU204-44
中国国家版本馆 CIP 数据核字第 2024E8J239 号

责任编辑：戴坚敏　责任校对：韩小亮　封面设计：余武莉　责任印制：周荣虎

画法几何与土木工程制图习题集(第4版)
Huafa Jihe yu Tumu Gongcheng Zhitu Xitiji(Di 4 Ban)

主　　编	于习法　周　佶
出版发行	东南大学出版社
社　　址	南京市四牌楼2号　邮编：210096
出 版 人	白云飞
网　　址	http://www.seupress.com
电子邮箱	press@seupress.com
经　　销	全国各地新华书店
印　　刷	兴化印刷有限责任公司
开　　本	787 mm×1092 mm　1/8
印　　张	12
字　　数	320千字
版 印 次	2025年2月第4版第1次印刷
书　　号	ISBN 978-7-5766-1725-2
定　　价	45.00元

本社图书若有印装质量问题，请直接与营销部联系。电话(传真)：025-83791830

高等学校土木建筑专业应用型本科系列教材编审委员会

名誉主任 吕志涛
主　　任 蓝宗建
副 主 任（以拼音为序）
　　　　　　陈　蓓　陈　斌　方达宪　汤　鸿
　　　　　　夏军武　肖　鹏　宗　兰　张三柱
委　　员（以拼音为序）
　　　　　　程　晔　戴望炎　董良峰　董　祥
　　　　　　郭贯成　胡伍生　黄春霞　贾仁甫
　　　　　　金　江　李　果　李幽铮　李　芸
　　　　　　林　敏　刘殿华　刘子彤　龙帮云
　　　　　　王照宇　许长青　于习法　余丽武
　　　　　　喻　骁　张志友　章丛俊　赵冰华
　　　　　　赵才其　赵　玲　赵庆华　郑家顺
　　　　　　周桂云　周　佶

前　言

本习题集是依据"高等学校工科本科画法几何及土木建筑制图课程教学基本要求"和《房屋建筑制图统一标准》(GB/T 50001—2017)及《技术制图》等国家标准编写而成的,并与东南大学出版社出版的《画法几何与土木工程制图》(第4版)教材配套使用。本书提供了教学课件及习题解答,极大地方便了教师的课堂教学和学生自学。

"画法几何与土木工程制图"是一门理论性与实践性均较强的课程,习题和作业是教学的重要环节,其目的是帮助学生消化、巩固基础理论和基本知识,训练基本技能,学会运用基础理论和基本知识解决实际问题。为方便教学,本习题集的内容和编排次序与配套教材基本一致,并力求符合学生的学习规律,由浅入深、由易到难、循序渐进,逐步提高学生阅读和绘制工程图样的能力,培养学生的空间想象能力。

本习题集的内容由编写《画法几何与土木工程制图》教材的各位老师完成其对应的部分。

本习题集适合建筑、结构、给排水、电气、暖通、道路桥梁、机械等专业的工科学生和工程设计人员学习或参考之用。

限于编者的学识,加之时间仓促,习题集中难免有不当甚至错误之处,请读者、同行不吝指正,待再版时进一步修改完善。

编　者

目 录

1 绪论 1
2 制图基本知识 2
    字体练习(一) 2
    字体练习(二) 3
    字体练习(三) 4
    线型练习及尺寸标注 5
    绘图练习(一) 6
    绘图练习(二) 7
    徒手作图 8
3 投影的基本知识 9
4 点、线、面的投影 10
    点的投影 10
    直线的投影(一) 11
    直线的投影(二) 12
    两直线的相对位置(一) 13
    两直线的相对位置(二) 14
    平面的投影(一) 15
    平面的投影(二) 16
    换面法(一) 17
    换面法(二) 18
    直线与平面、平面与平面的相对位置(平行问题) ... 19
    直线与平面、平面与平面的相对位置(相交问题) ... 20
    直线与平面、平面与平面的相对位置(垂直问题) ... 21
    直线与平面、平面与平面的相对位置(综合问题) ... 22
5 曲线与曲面的投影 23
    直纹曲面 23
    平螺旋面 24
6 基本体的投影 25
    基本体的投影及表面取点、线(一) 25
    基本体的投影及表面取点、线(二) 26
    平面体的截交线——完成带切口立体的投影 ... 27
    曲面体的截交线——完成带切口立体的投影 ... 28
    相贯线(一)——求两平面立体的相贯线 29
    相贯线(二)——完成平面体和曲面体的相贯线 ... 30
    相贯线(三)——完成两曲面体的相贯线 31
    相贯线(四)——完成两曲面体的相贯线 32
7 轴测投影 33
    作正等轴测投影(一) 33
    作正等轴测投影(二) 34
    作斜轴测投影图(一) 35
    作斜轴测投影图(二) 36
8 组合体的投影 37
    根据立体图作形体的三面投影图并标注尺寸(不标具体数值大小) ... 37
    根据立体图作形体的三面投影图(尺寸从图中直接量取) ... 38
    补视图(一) 39
    补视图(二) 40
    补视图(三) 41
    补视图(四) 42
    补视图(五) 43
    补视图(六) 44
    补漏线(一) 45
    补漏线(二) 46
9 工程形体的图示方法 47
    剖面图(一) 47
    剖面图(二) 48
    剖面图(三) 49
    剖面图(四) 50
    断面图 51

	剖面图与断面图综合练习(一) ································· 52

    剖面图与断面图综合练习(一) ································· 52
    剖面图与断面图综合练习(二) ································· 53

10 透视投影 ································· 54
    点、线、面的透视 ································· 54
    立体的透视 ································· 55
    建筑实例的透视 ································· 56

11 标高投影 ································· 57

12 建筑施工图 ································· 60
    建筑平面图作业指导书 ································· 60
    建筑平面图细部尺寸附图 ································· 61
    建筑平面图附图 ································· 62
    建筑立面图作业指导书 ································· 63
    建筑立面图细部尺寸附图 ································· 64
    建筑立面图附图 ································· 65
    建筑剖面图作业指导书 ································· 66
    建筑剖面图细部尺寸附图 ································· 67
    建筑剖面图附图 ································· 68
    建筑详图作业指导书 ································· 69
    建筑详图附图 ································· 70

13 结构施工图 ································· 71

14 给排水施工图 ································· 73
    给水排水工程基础知识 ································· 73
    给排水平面图作业指导书 ································· 74
    给排水平面图附图 ································· 75
    给排水系统原理图作业指导书 ································· 76
    给水系统原理图附图 ································· 77

15 建筑电气施工图 ································· 78
    基础知识 ································· 78
    建筑电气施工图作业指导书 ································· 79
    配电平面图附图 ································· 80
    配电系统图附图 ································· 81

16 道路桥涵工程图 ································· 82

17 机械图 ································· 84
    选择填空 ································· 84
    零件图(一) ································· 85
    零件图(二) ································· 86
    装配图 ································· 87

参考文献 ································· 88

1 绪论　　回答问题		班级　　　姓名　　　学号
（1）简述本课程的性质和任务。	（2）简述本课程的特点和学习方法。	（3）简述本课程的发展史和发展方向。

2 制图基本知识　　字体练习(一)

班级　　姓名　　学号

长仿宋体汉字

土木工程专业制图民用房屋建筑东南西北方向平立剖面

设计说明基础墙柱梁板楼梯框架承重结构门窗阳台雨棚散水勒脚洞沟槽材料砖

木钢筋混凝土水泥砂浆石灰室内外地坪素土夯实给排水暖通城市管网卫生设备

一二三四五六七八九十前后左右上中下防水保温隔热找平屋面油毡女儿墙软土垫层固结重锤灌浆加筋托换承载力

刚柔度弹性塑抗震液化渗流边坡稳定条分支护沉井玻璃马赛克伸缩缝道路桥梁隧涵造价管理堤坝沉降船闸预埋件

| 2 制图基本知识 | 字体练习(二) | 班级 | 姓名 | 学号 |

字母和数字

ABCDEFGHIJKLMNOPQRSTUVWXYZ   ABCDEFGHIJKLMNOPQR

ABCDEFGHIJKLMNOPQRSTUVWXYZ ABCDEFGHIJKL

ABCDEFGHIJKLMNOPQRSTUVWXYZ   *ABCDEFGHIJKLMNOPQRSTUVWXYZ*

abcdefghijklmnopqrstuvwxyz   *abcdefghijklmnopqrstuvwxyz*

0123456789 I II III IV V VI VII VIII IX X   *0123456789 I II III IV V VI VII VIII IX X*

ABCDEFGHIJKLMNOPQRSTUVWXYZABCDEFGHIJKL   *ABCDEFGHIJKLMNOPQRSTUVWXYZ ABCDEFGHIJKL*

abcdefghijklmnopqrstuvwxyzabcdefghijklmnopqr   *abcdefghijklmnopqrstuvwxyzabcdefghijklmnopqrs*

0123456789 I II III IV V VI VII VIII IX X   *0123456789 I II III IV V VI VII VIII IX X*   *0123456789 0123456789*

2 制图基本知识　　字体练习（三）

| 班级 | 姓名 | 学号 |

长仿宋体汉字

长仿宋体汉字

拉丁字母

长仿宋体汉字

阿拉伯数字

希腊字母

| 2 制图基本知识 | 线型练习及尺寸标注 | 班级 | 姓名 | 学号 |

(1) 图线练习——画全下列图形。

(3) 在指定位置画出下列几何图形。

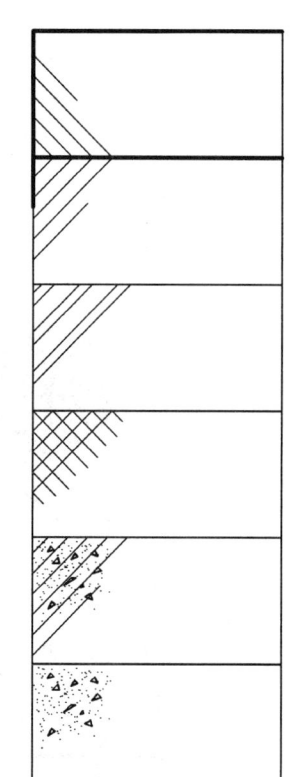
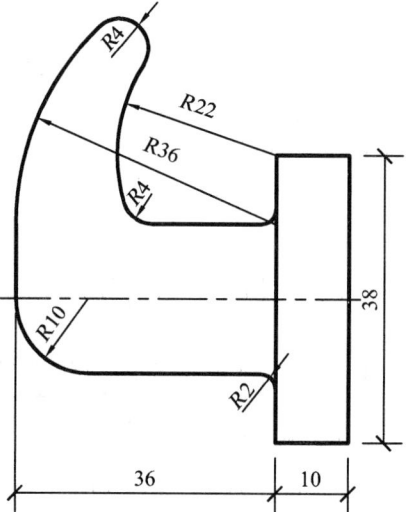

(2) 分析左图尺寸标注的错误，在右图中按正确的方法注出。

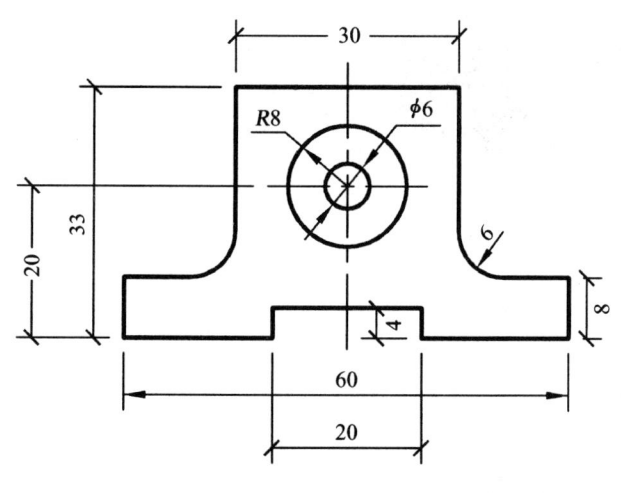
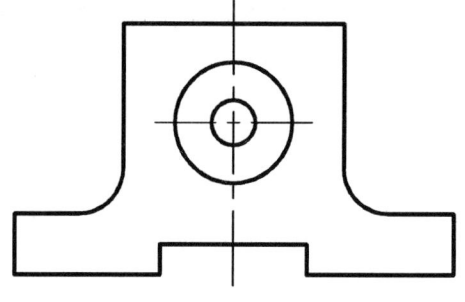

| 2 制图基本知识 | 绘图练习（一） | 班级 | 姓名 | 学号 |

在A3的图纸上绘制下图。要求：
（1）图名：图线练习，比例1:1，尺寸从图中量取；
（2）粗线宽0.7mm，中粗线宽0.35mm，细线宽0.18mm；
（3）图名和校名采用10号字或7号字，其余为5号字。

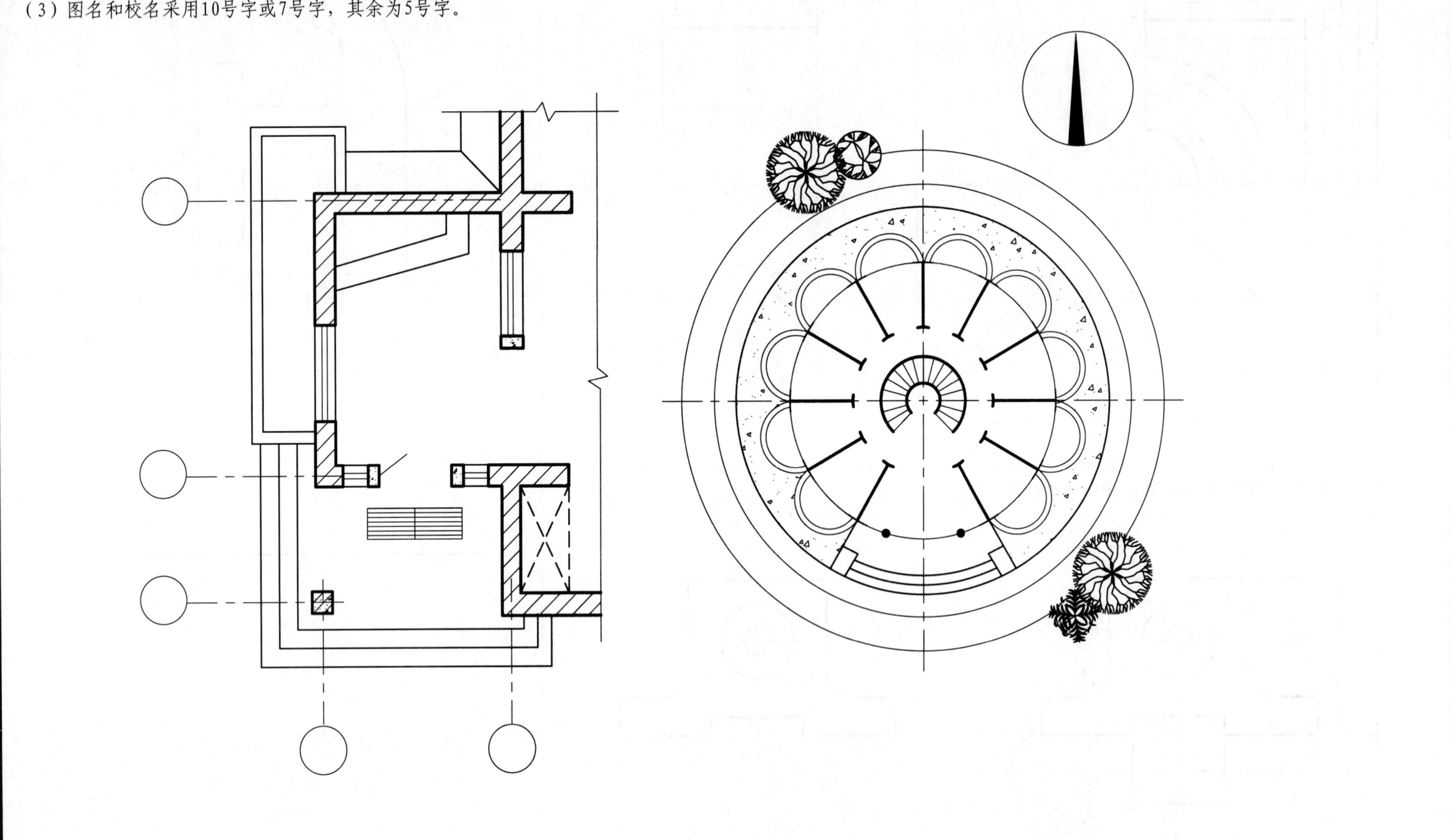

2 制图基本知识　　绘图练习（二）

| 班级 | 姓名 | 学号 |

在A3的图纸上按所给的比例绘制下图，各图形位置可根据布图要求调整放置。要求：
（1）图名：几何作图。
（2）粗线宽0.7mm，中粗线宽0.35mm，细线宽0.18mm。
（3）图名和校名采用10号字或7号字，尺寸数字采用3.5号字，其余为5号字。

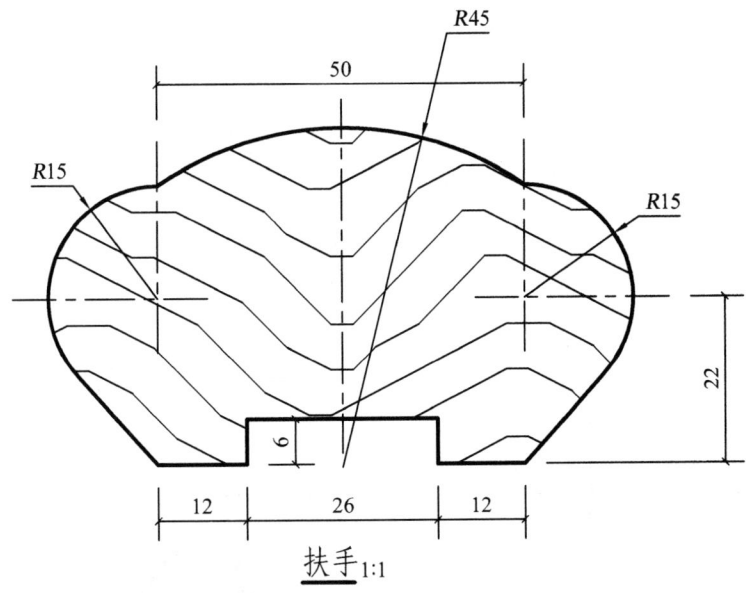

扶手 1:1

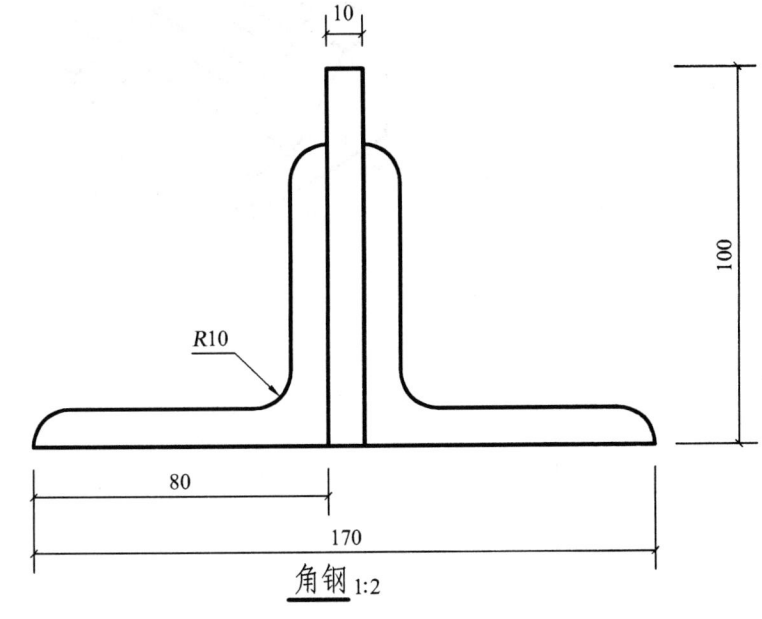

角钢 1:2

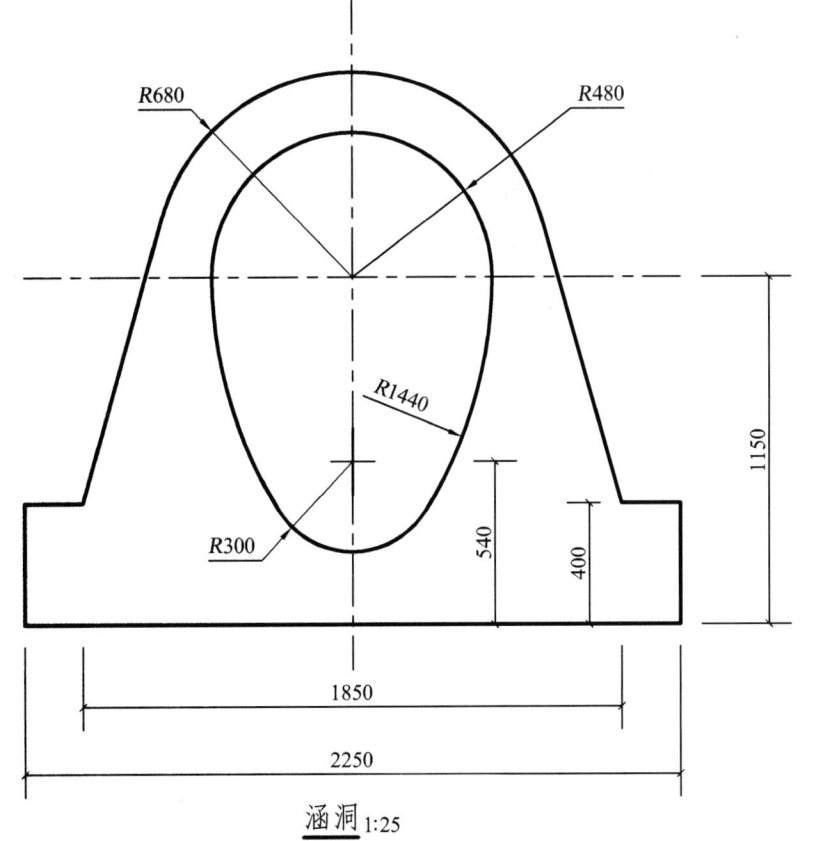

涵洞 1:25

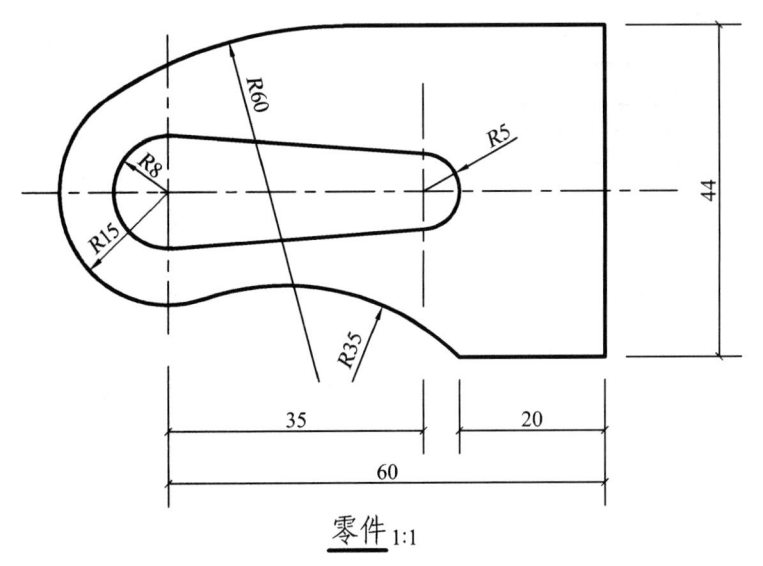

零件 1:1

2 制图基本知识　　徒手作图

| 班级 | 姓名 | 学号 |

目测下列图形的尺寸，徒手抄绘在下面空白处。

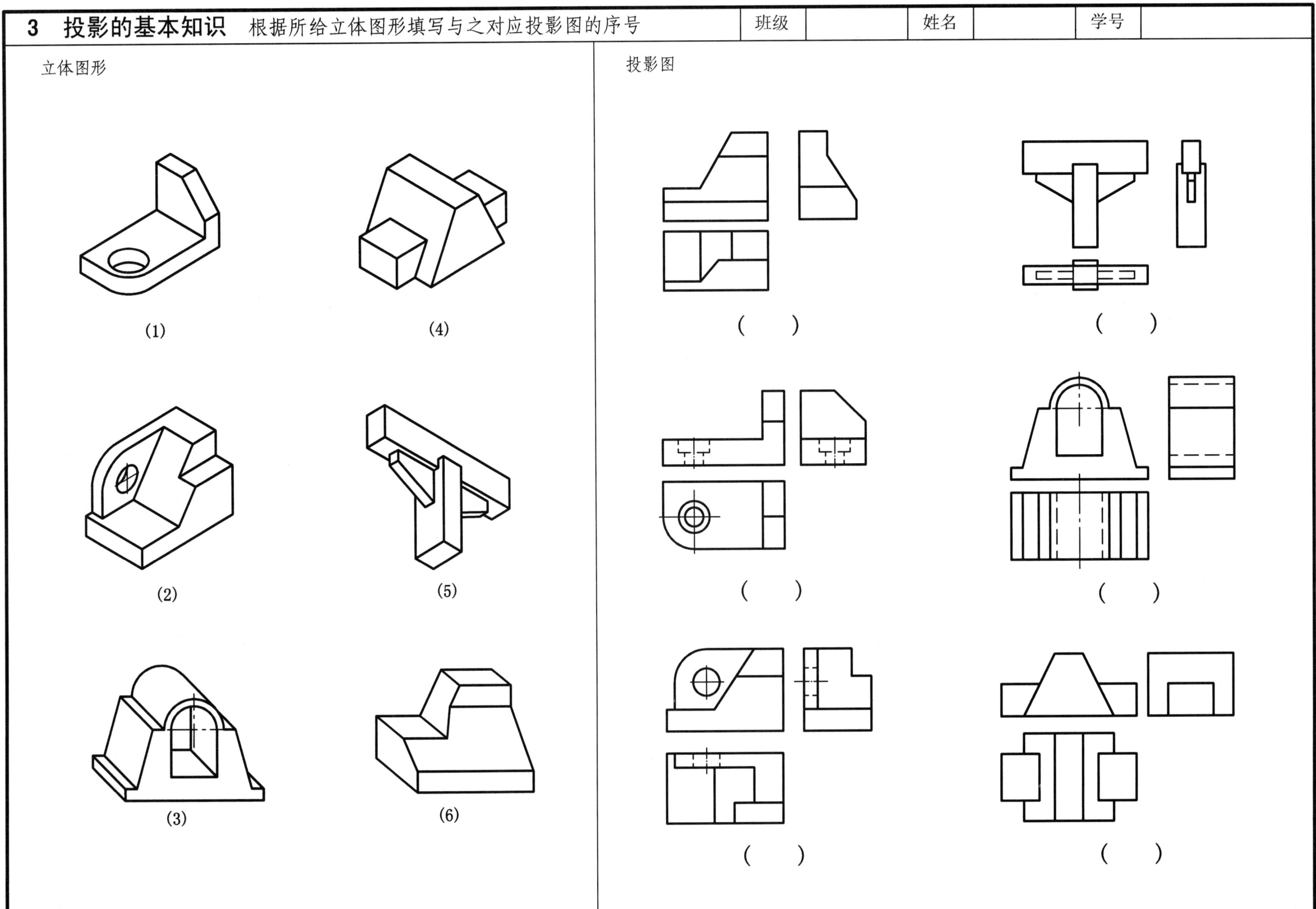

4 点、线、面的投影   点的投影

| 班级 | 姓名 | 学号 |

(1) 根据 A、B、C 三点的立体图，画出它们的投影图。

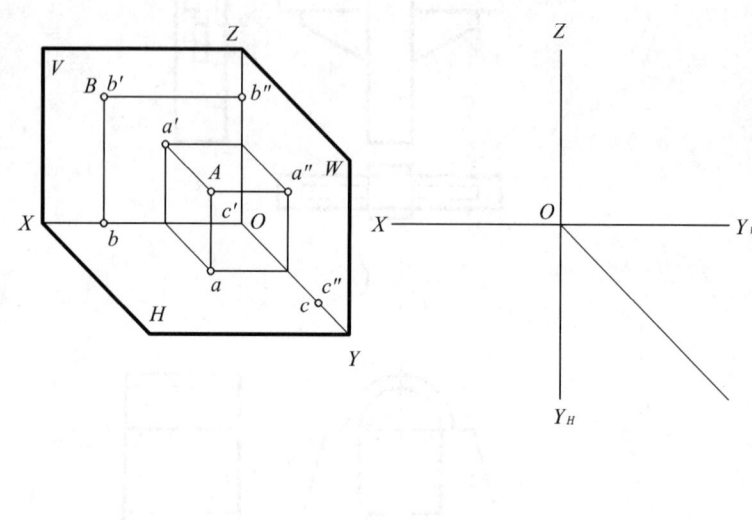

(2) 作出点 $A(25,15,5)$，$B(0,10,0)$，$C(10,0,30)$ 的投影。

(3) 已知点 E、F、G 的两面投影，求作其第三面投影。

(4) 已知点 A 的两面投影。设 B 点在 A 点的左方 5、后方 20、下方 10；C 点在 B 点的右方 15、前方 10、下方 5。作出 A、B、C 三点的三面投影。

(5) 已知 A 点在 H 面之上 20，B 点在 V 面之前 15，C 点在 W 面之左 5，补全诸点的三面投影。

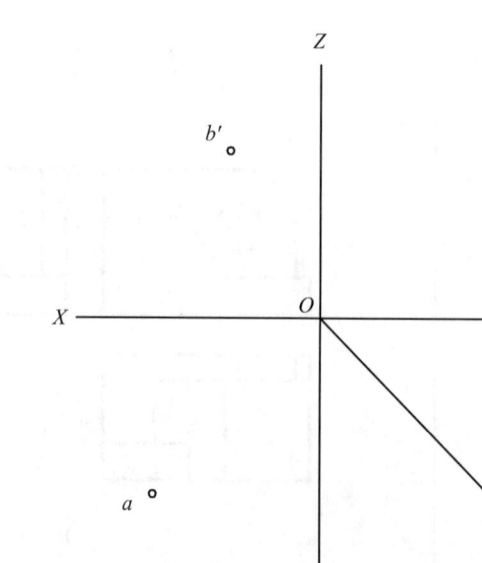

(6) 判断各重影点的可见性（将不可见点的字母加括号表示）。

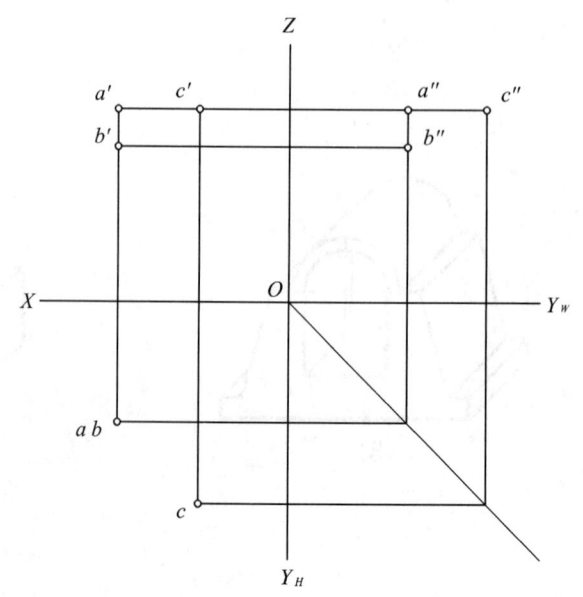

4 点、线、面的投影   直线的投影（一）

班级	姓名	学号

1) 补作直线AB的第三投影，在图中标明直线的实长和倾角，并在括号内写出直线的位置名称。

(1)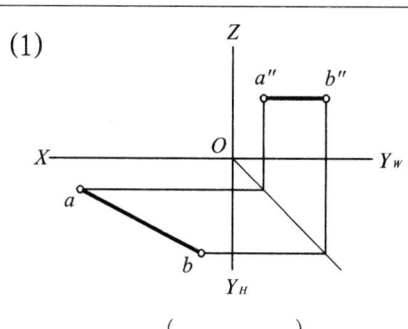
( )

(2)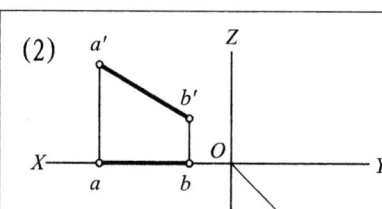
( )

(3)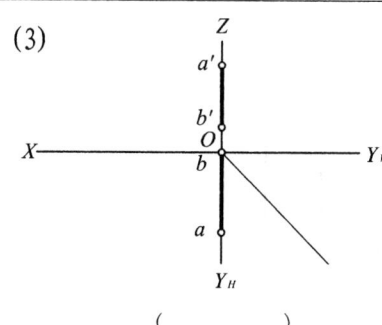
( )

(4)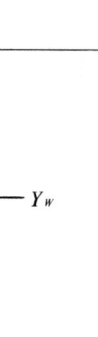
( )

(5)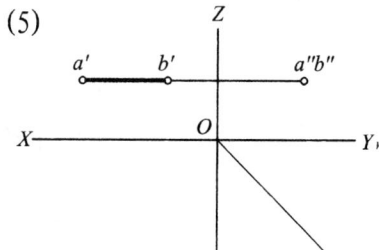
( )

(6)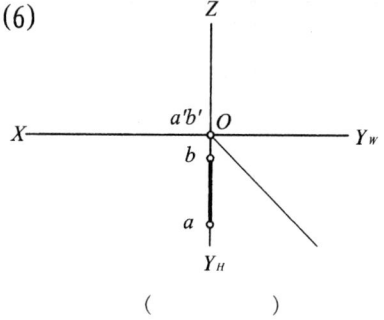
( )

3) 设水平线AB距H面为15，A点在B点右前方，$\beta=30°$，实长25；铅垂线CD距W面为8，D点在C点下方，实长为15。作AB和CD的三面投影。

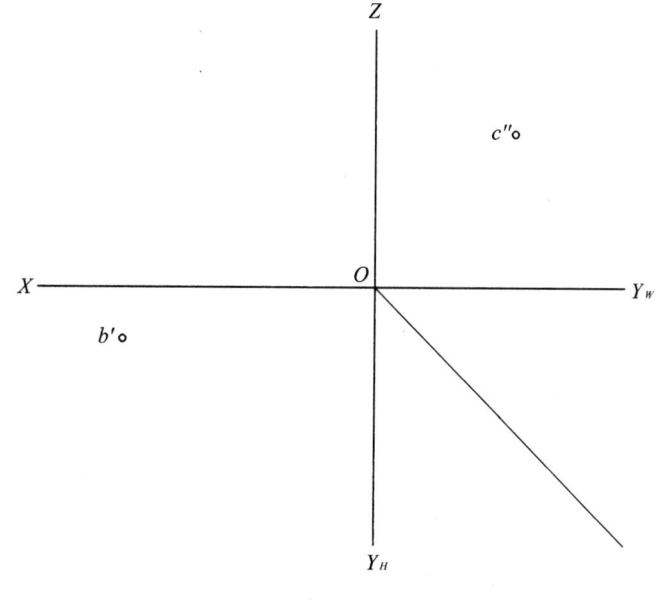

2) 过已知点作实长为10的直线段。

(1) 作水平线AB，并使$\gamma=30°$。
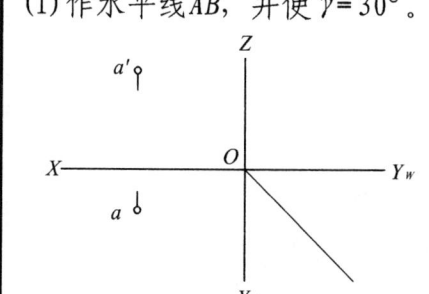

(2) 作正平线CD，并使$\alpha=45°$。
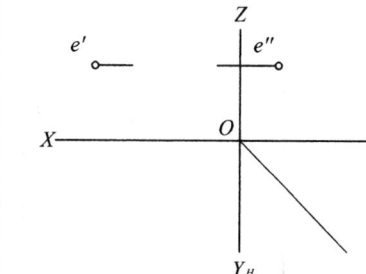

(3) 作侧平线EF，并使$\beta=60°$。
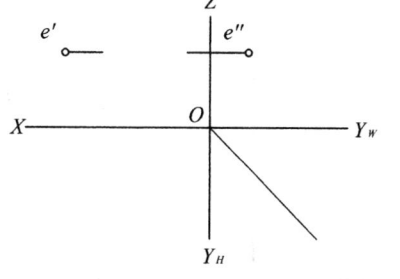

(4) 作铅垂线GH。
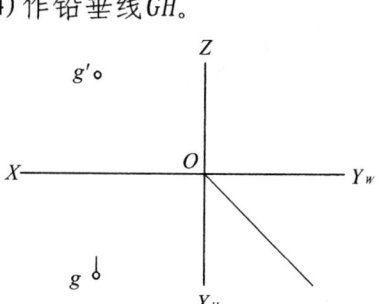

(5) 作正垂线IJ。
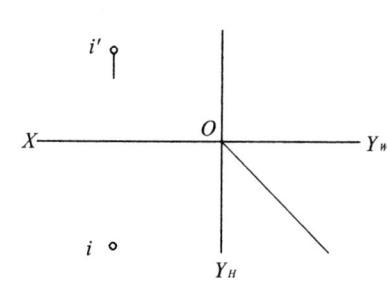

(6) 作侧垂线KL。
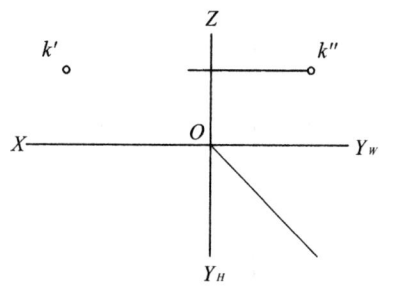

4) 补画直线AB的W投影，并求作该直线的实长和倾角α、β、γ。

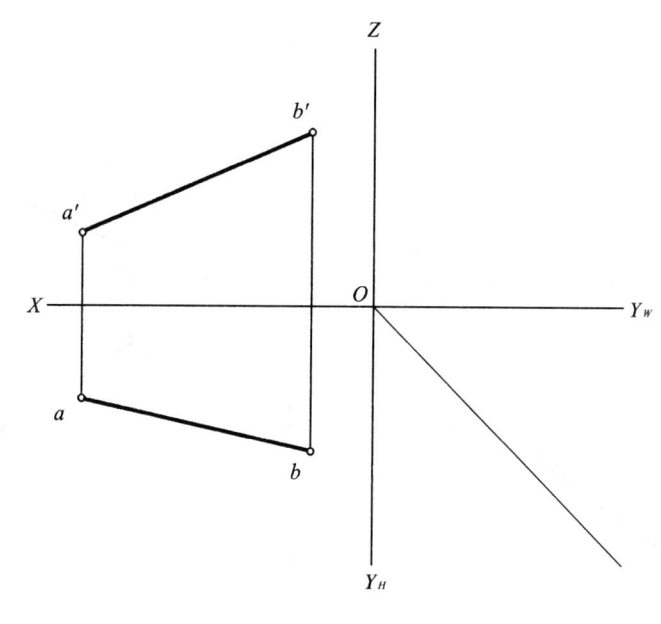

4 点、线、面的投影 直线的投影(二)	班级		姓名		学号	

1) 已知线段AB的β= 30°，作出其H、W面投影，并回答有几解。

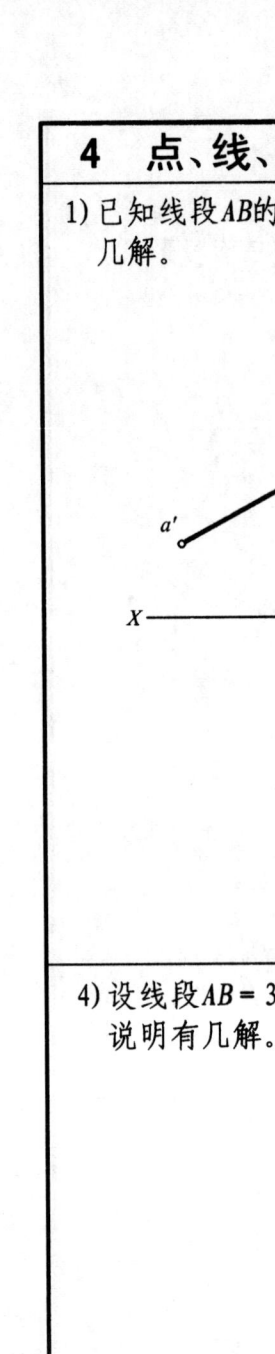

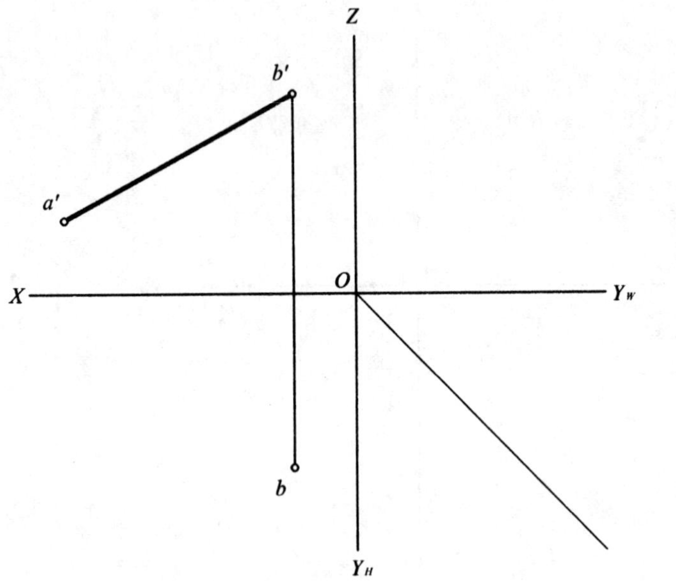

2) 已知线段的实长L及V面投影，作其H、W面投影。

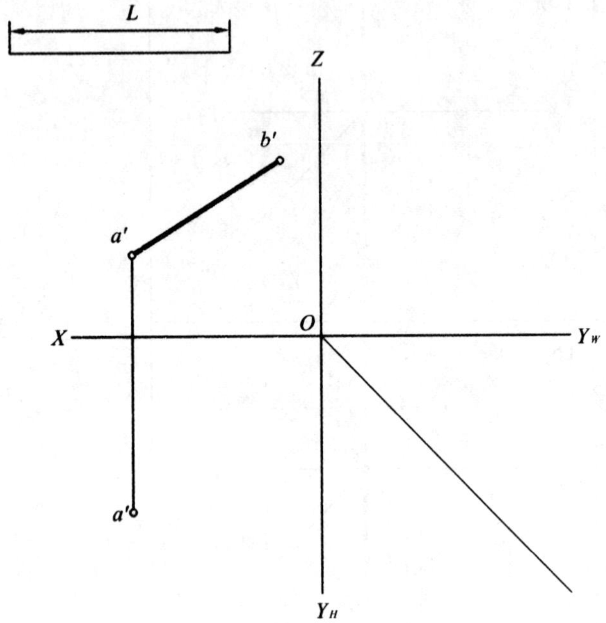

3) 作出线段AB的侧面投影，并在AB的三面投影上取点K，使$AK:KB$ = 3 : 2。

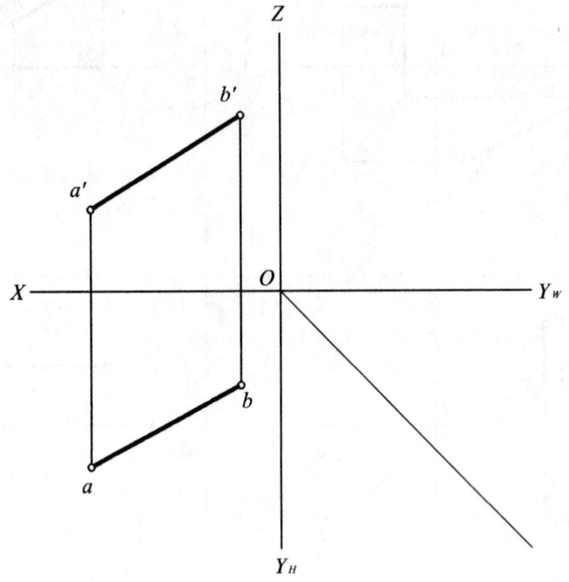

4) 设线段AB = 35，补作其V投影$a'b'$，并说明有几解。

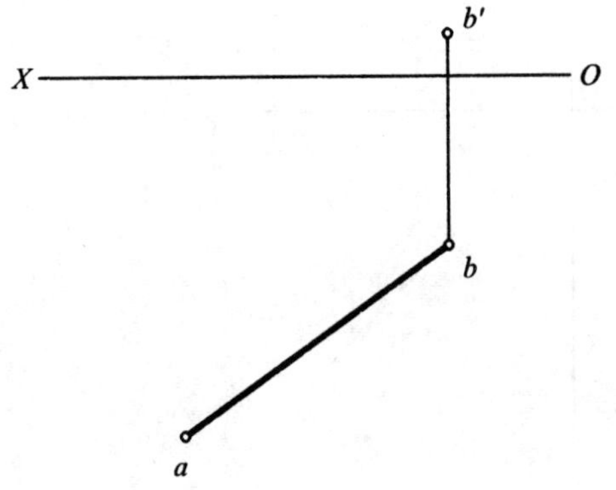

5) 在直线AB上取K点，使AK=20，作出K点的投影。

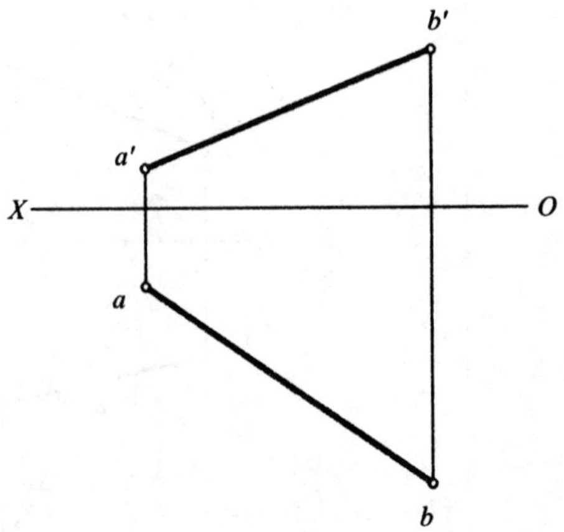

6) 设M点在直线AB上，且距H面20，求作m和m'。

(1)

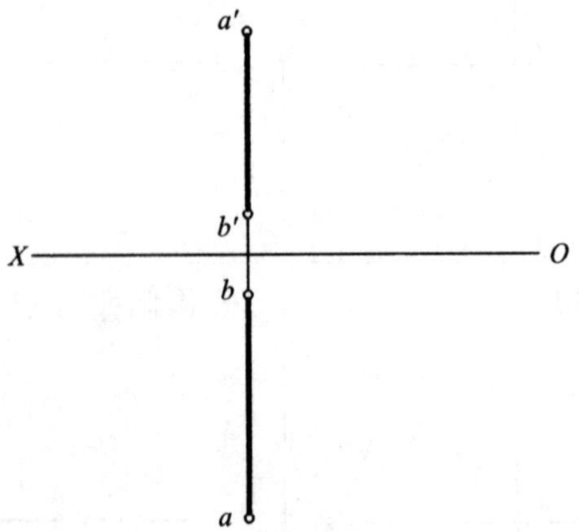

(2)

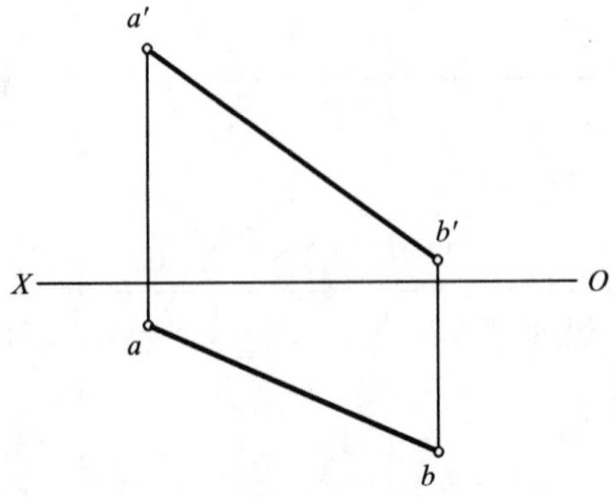

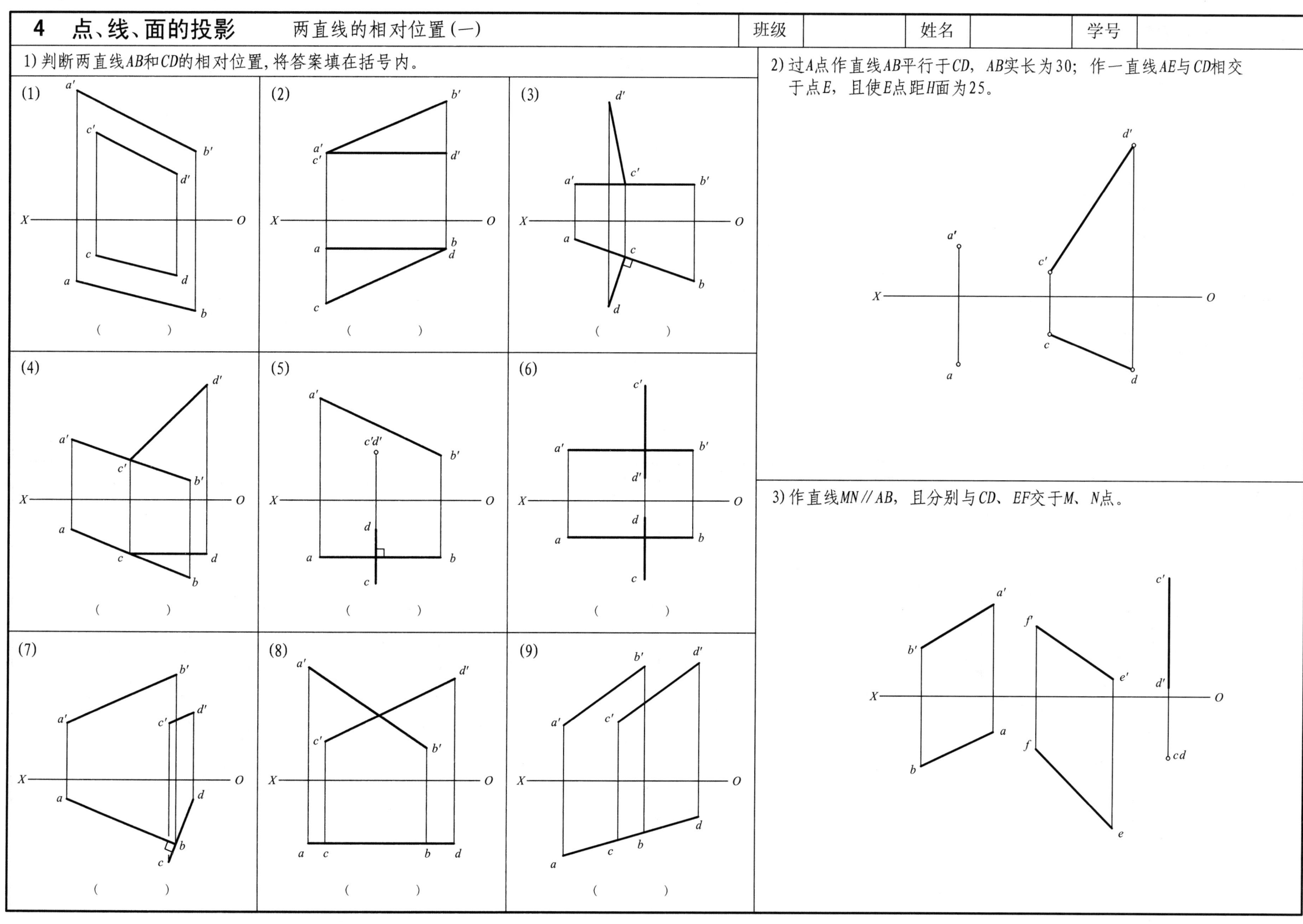

4 点、线、面的投影　　两直线的相对位置（二）

(1) 注出交叉直线AB和CD上重影点的字母，并判别可见性。

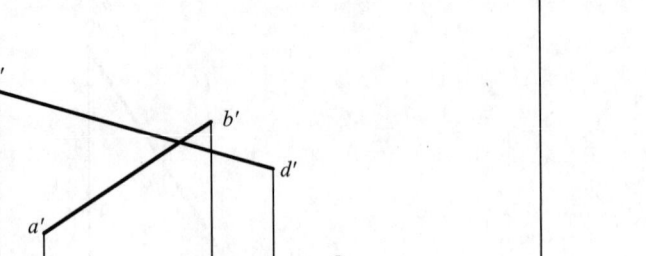

(2) 过M点作水平线MN与直线AB相交于N点。

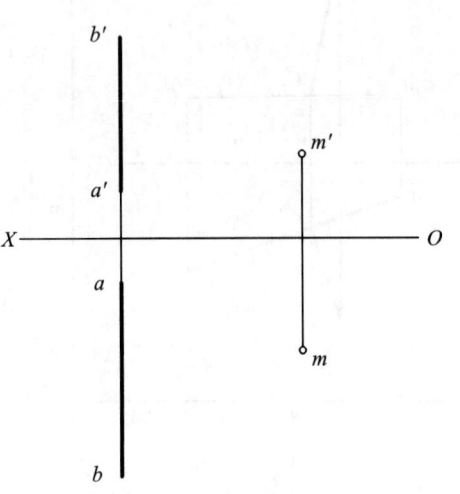

(3) 作正平线MN与V面相距20，且与AB、CD相交。

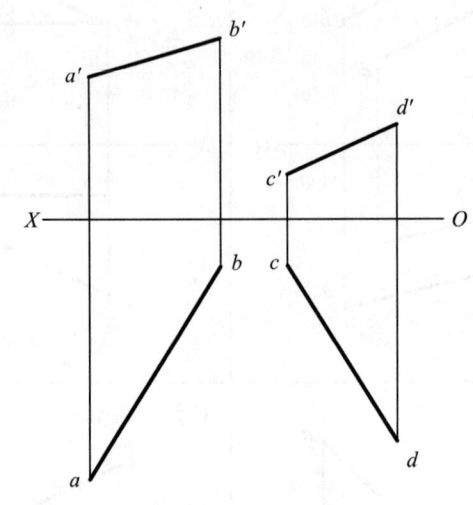

(4) 求平行直线AB、CD的距离。

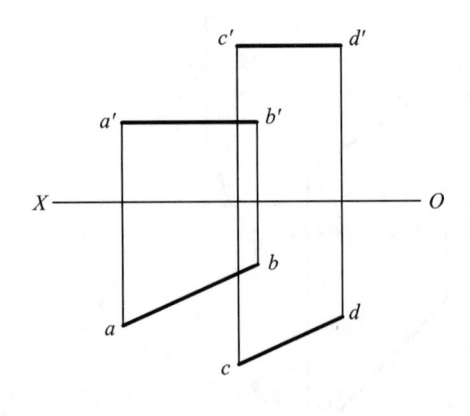

(5) 作交叉直线AB和CD的公垂线MN，并标明两交叉直线的距离。

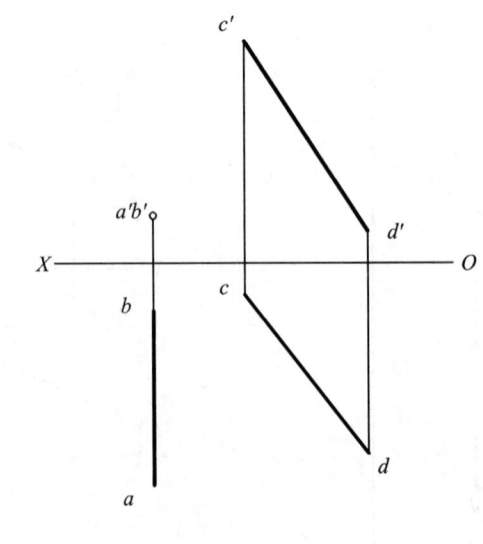

(6) 已知直线CD和点M的两面投影，求M点到CD的距离。

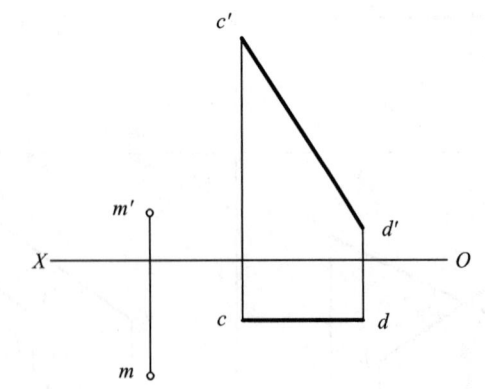

(7) 设矩形ABCD的顶点C在直线MN上，试补全此矩形的投影。

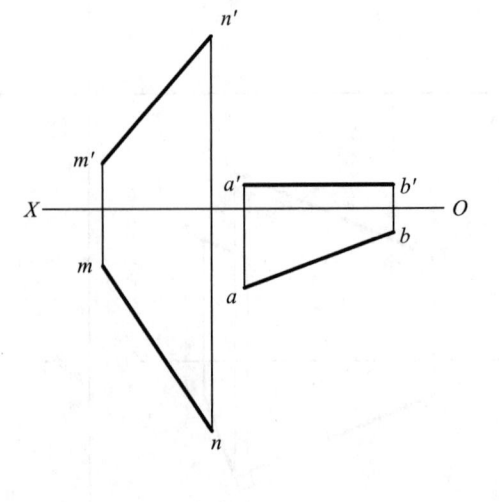

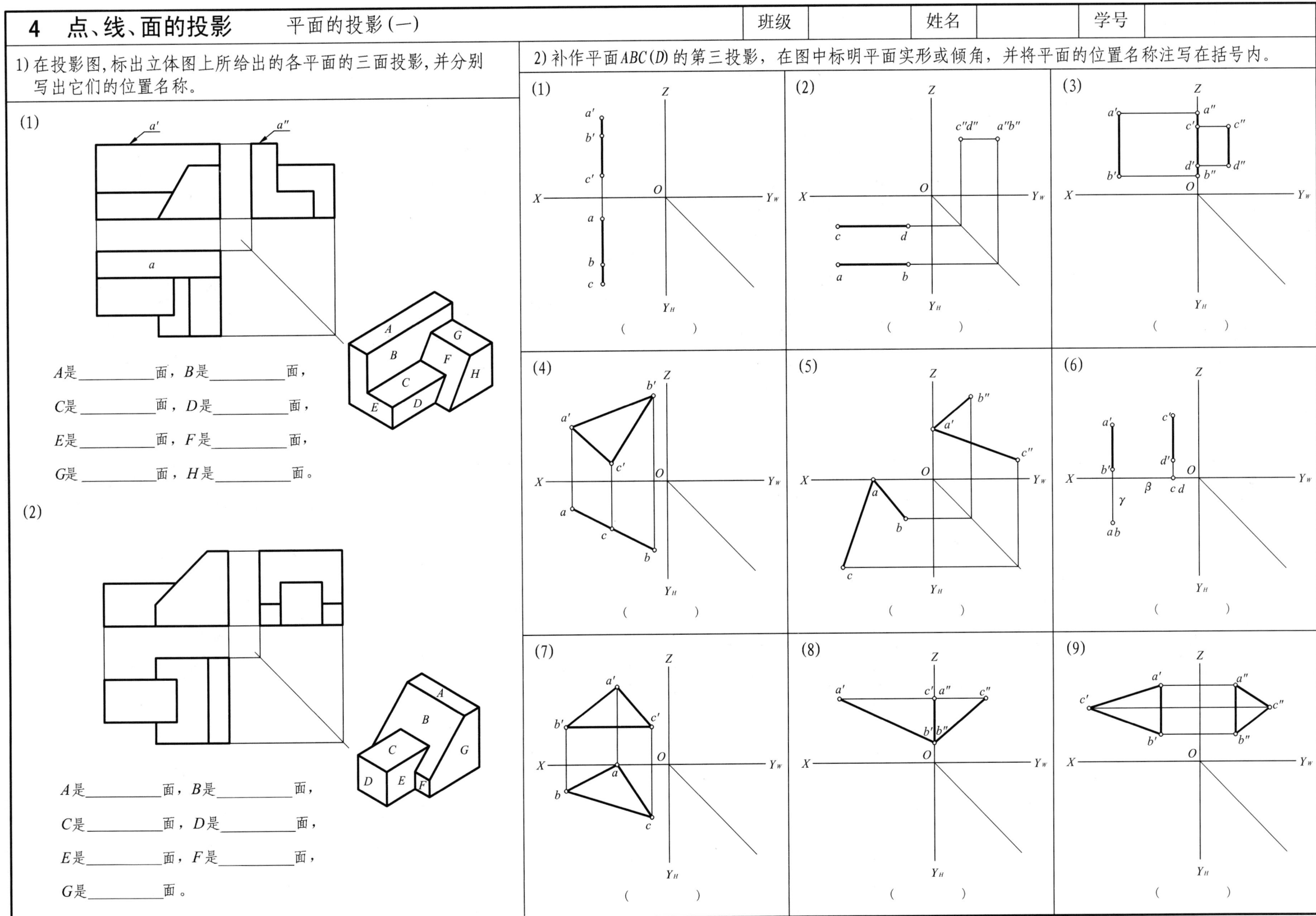

4 点、线、面的投影　　平面的投影(二)

(1) 作出平面的第三投影。	(2) 判断K、M点是否在平面△ABC内。（　　）	(3) 在△ABC平面内求作K点，使K点距H、V面均为20。	(4) 已知平面ABCD的CD边为水平线，试补全其V面投影。

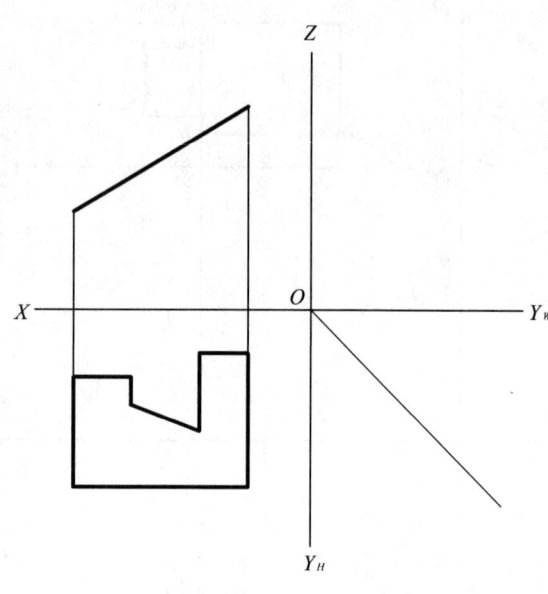 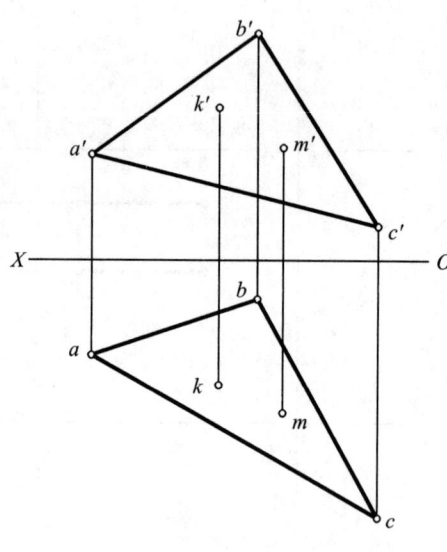 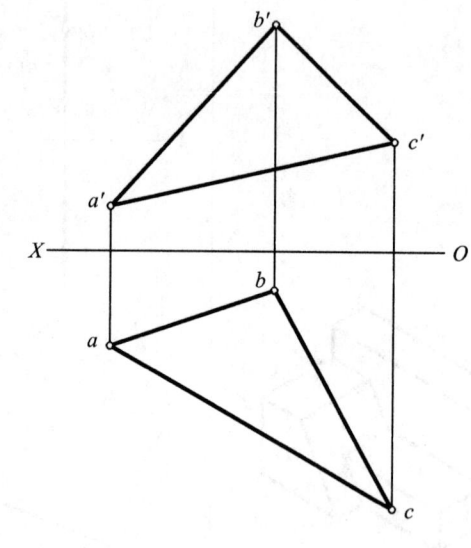 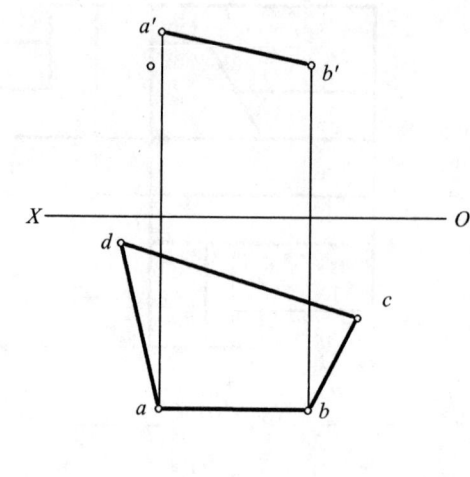

(5) 求平面ABCD对H面的倾角α。	(6) 设正方形ABCD为铅垂面，AC是其一条对角线，求作该正方形的三面投影。	(7) 设P平面对H面的最大坡度线为MN，求作P平面内的水平线AB，使其距H面为20。

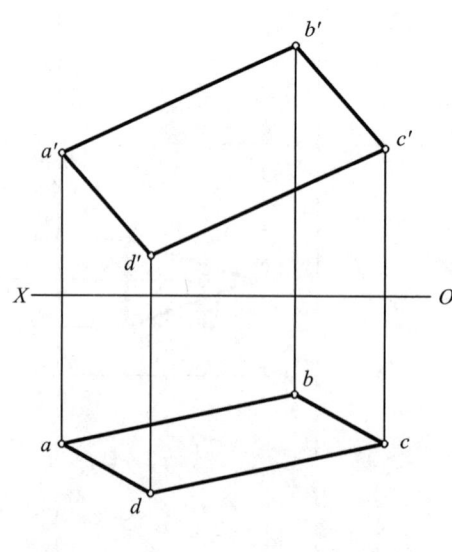 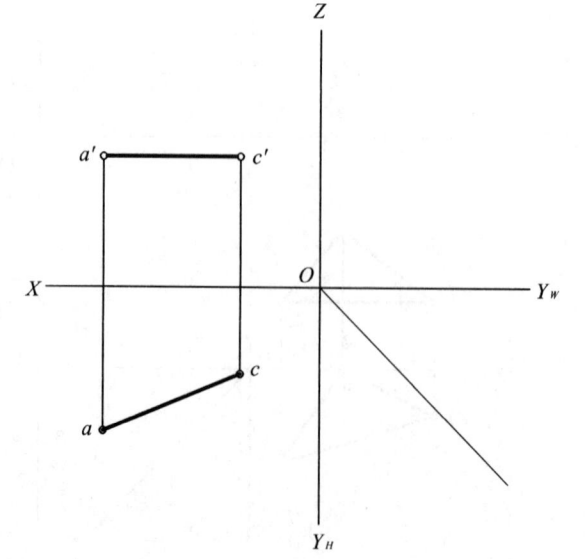 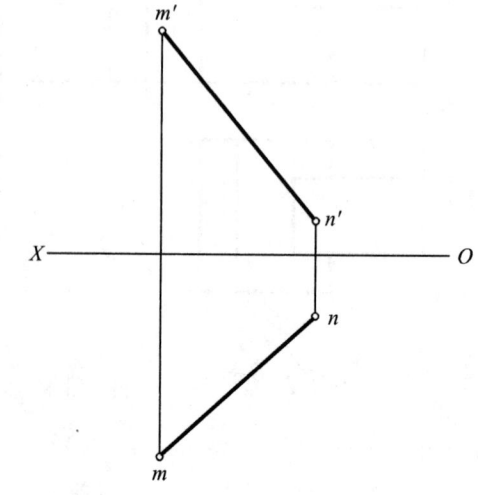

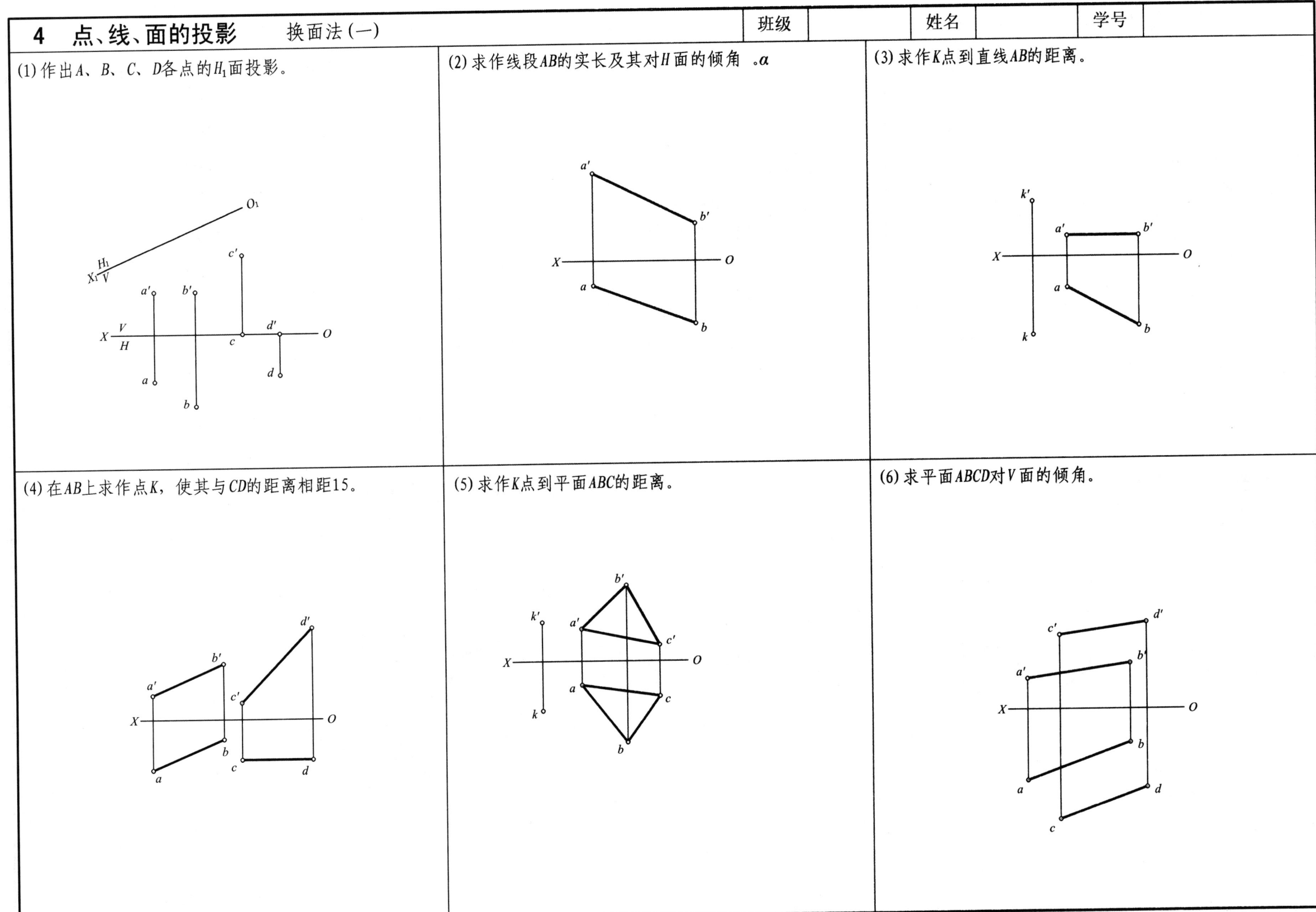

4 点、线、面的投影　　换面法（二）

(1) 在已知直线MN上求点K，使K点到平面ABC的距离为L。

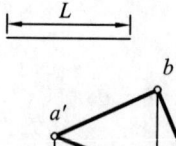
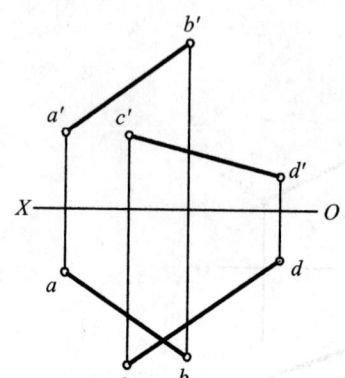

(2) 求作直线AB、CD的公垂线MN。

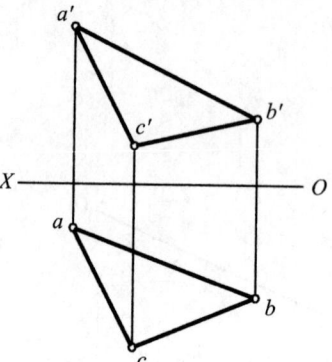

(3) 求作平面ABC的实形及其对H面的倾角α。

(4) 已知AB∥CD，且相距15，求作a'b'。

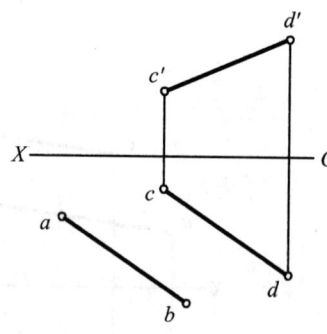

(5) 在AB上求作点K，使其与CD的距离相距为20。

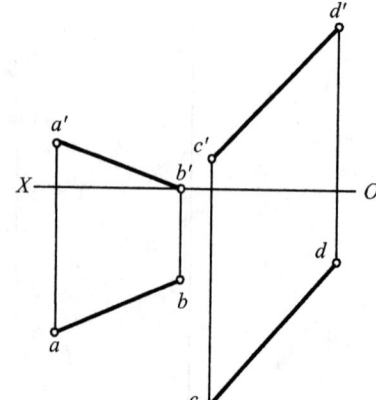

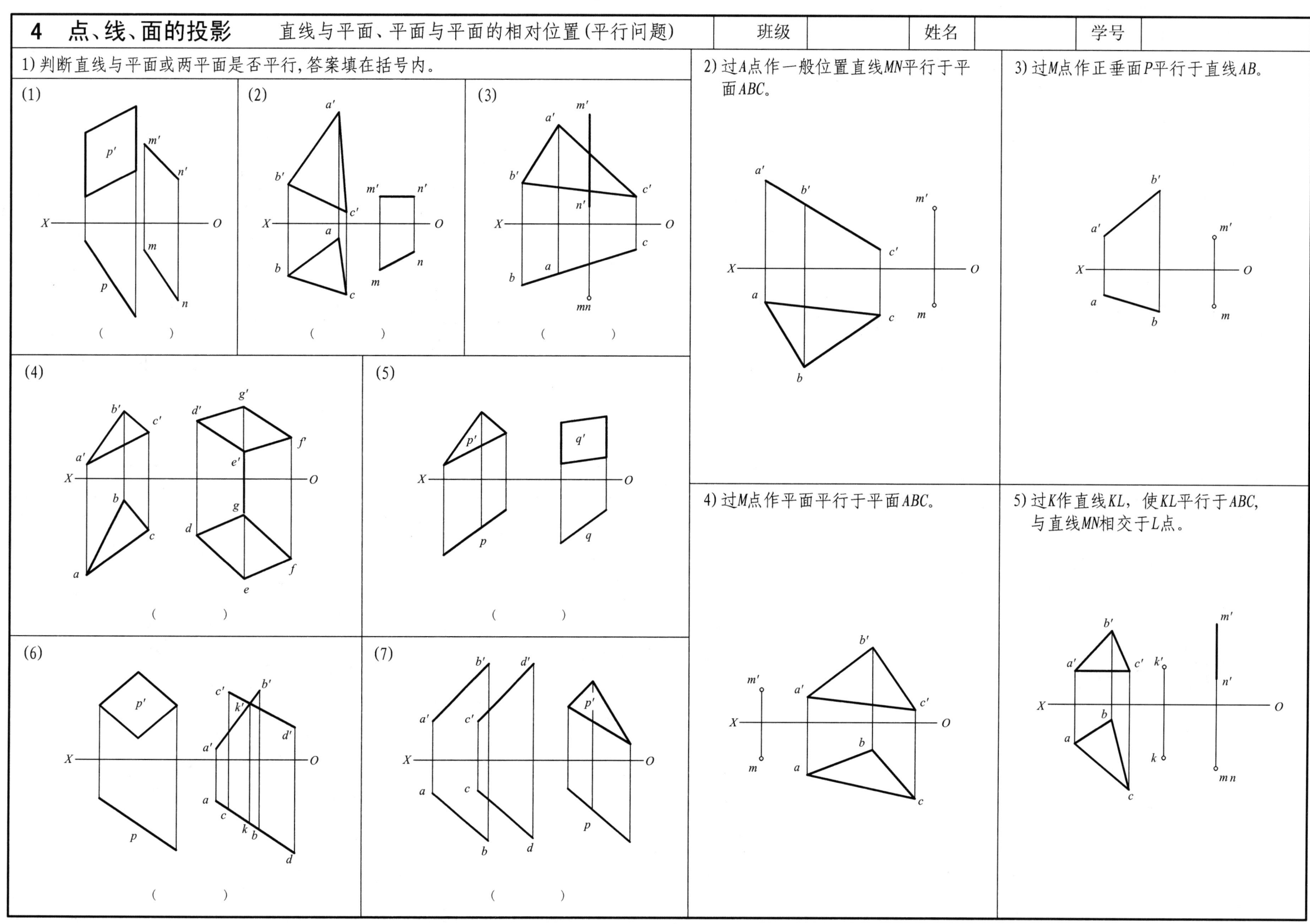

4 点、线、面的投影 直线与平面、平面与平面的相对位置（相交问题） 班级　　姓名　　学号

1) 作下列各题中直线MN与平面的交点K，并判别可见性。

(1)　(2)　(3)　(4)

2) 作下列各题中两平面的交线KL，并判别可见性。

(1)　(2)　(3)

4 点、线、面的投影 直线与平面、平面与平面的相对位置（垂直问题）

班级　　　姓名　　　学号

(1) 过M点作直线垂直于平面ABC。

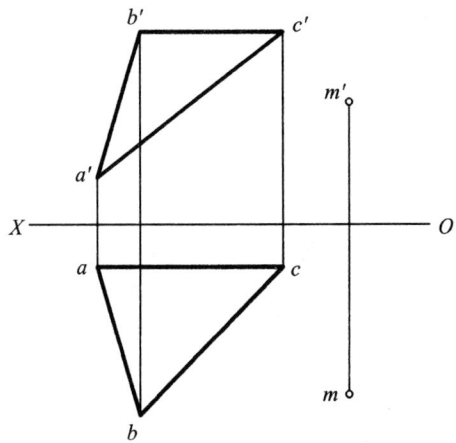

(2) 过直线MN作平面垂直于平面ABC。

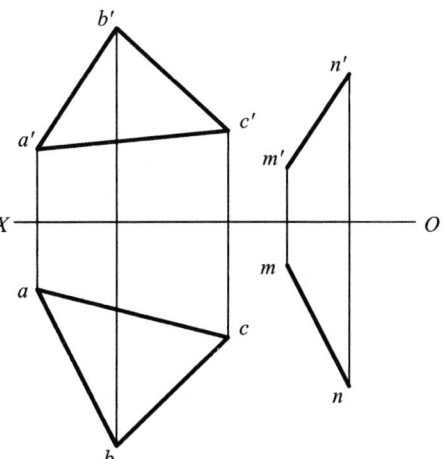

(3) 在AB上取C点，使其与M点和N点等距。

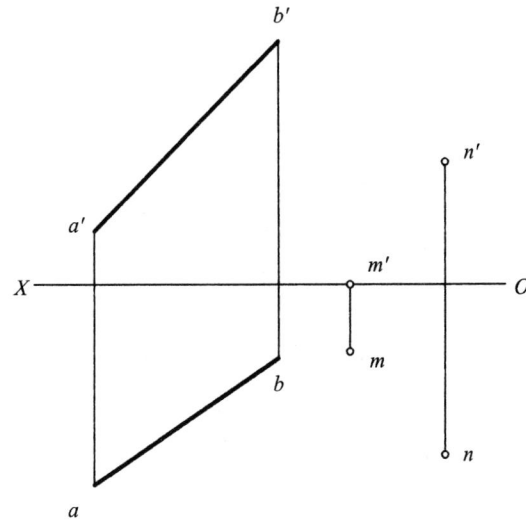

(4) 求点A到直线MN的距离。

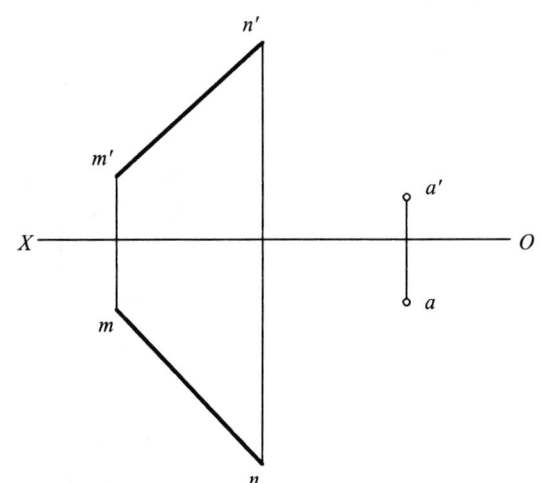

4 点、线、面的投影 — 直线与平面、平面与平面的相对位置（综合问题）

班级　　　姓名　　　学号

(1) 求作两平行直线 AB、CD 之间的距离。

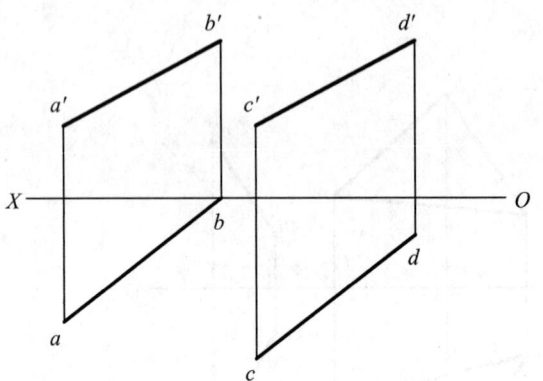

(2) 过 M 点作直线 MN⊥AB，且与 CD 相交。

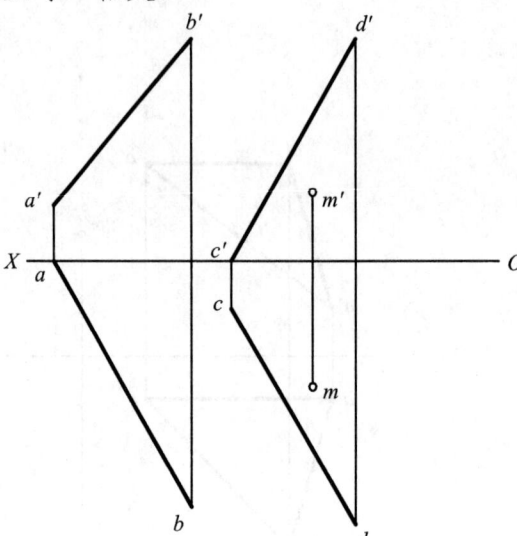

(3) 求平面 ABC 的 β 角和实形。

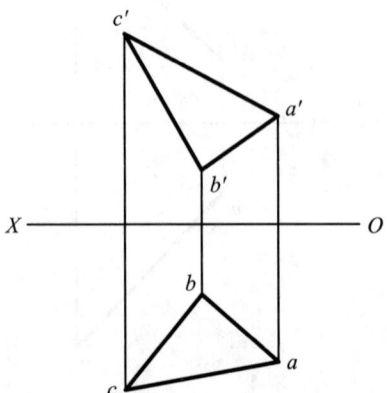

(4) 补全矩形 ABCD 的 V 面投影。

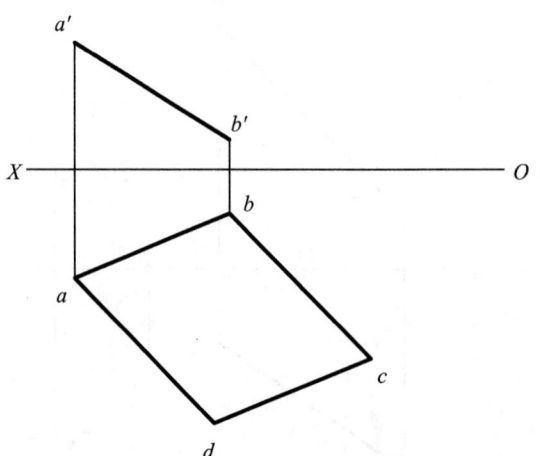

5 曲线与曲面的投影　　直纹曲面

(1) 已知母线AB和回转轴CD，作单叶回转双曲面的投影。

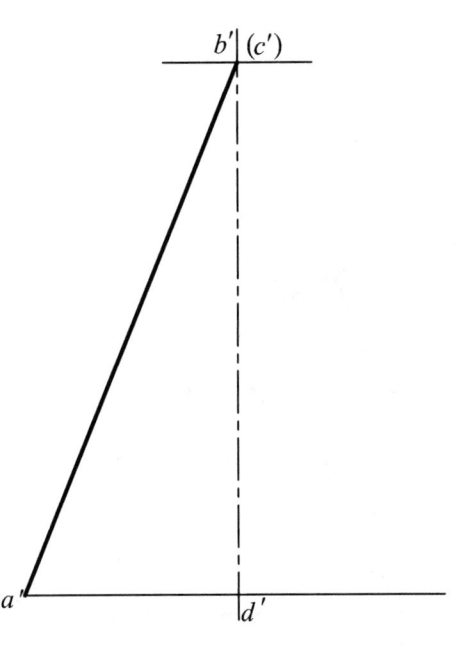

(2) 以直线AB和圆弧CD为导线，W面为导平面，求作锥状面的三面投影。

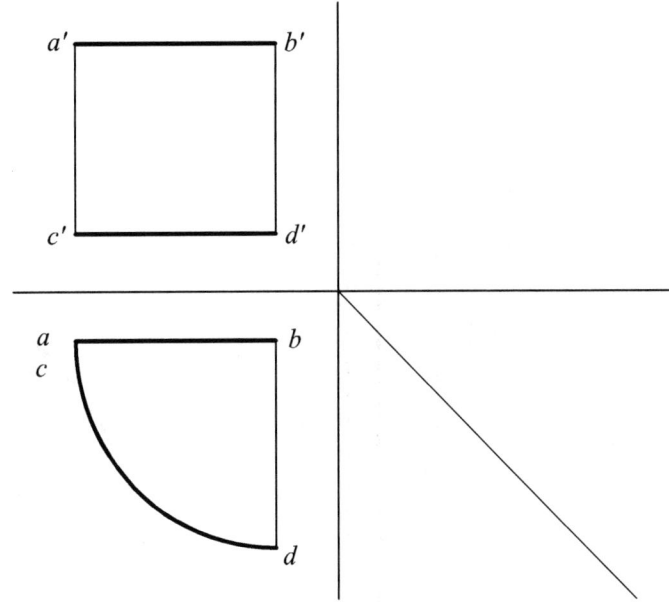

(3) 以曲线AB和曲线CD为导线，V面为导平面，求作柱状面的投影。

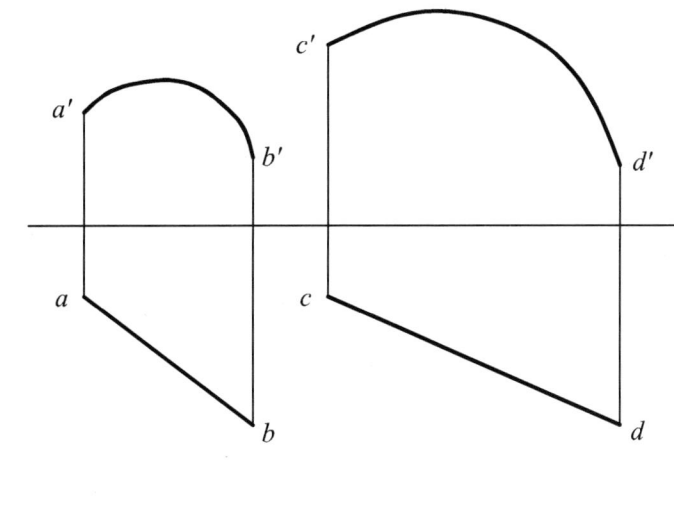

(4) 已知直导线AB、CD的投影，以V面为导平面，求作双曲抛物面的投影。

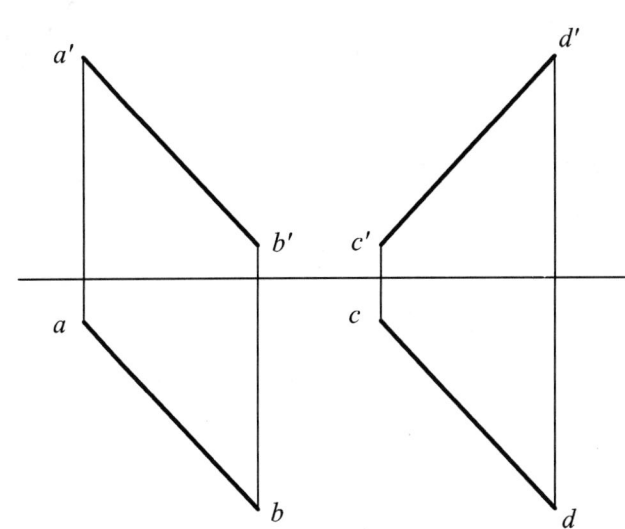

(5) 已知斜椭圆锥面的底面O及其顶点S，试完成其V、H投影。

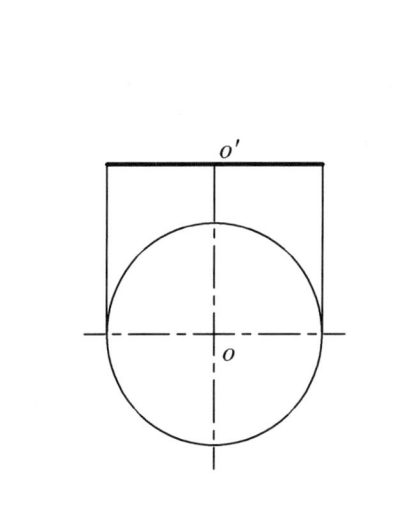

5 曲线与曲面的投影 —— 平螺旋面

班级　　　姓名　　　学号

作出回旋楼梯的正面投影。

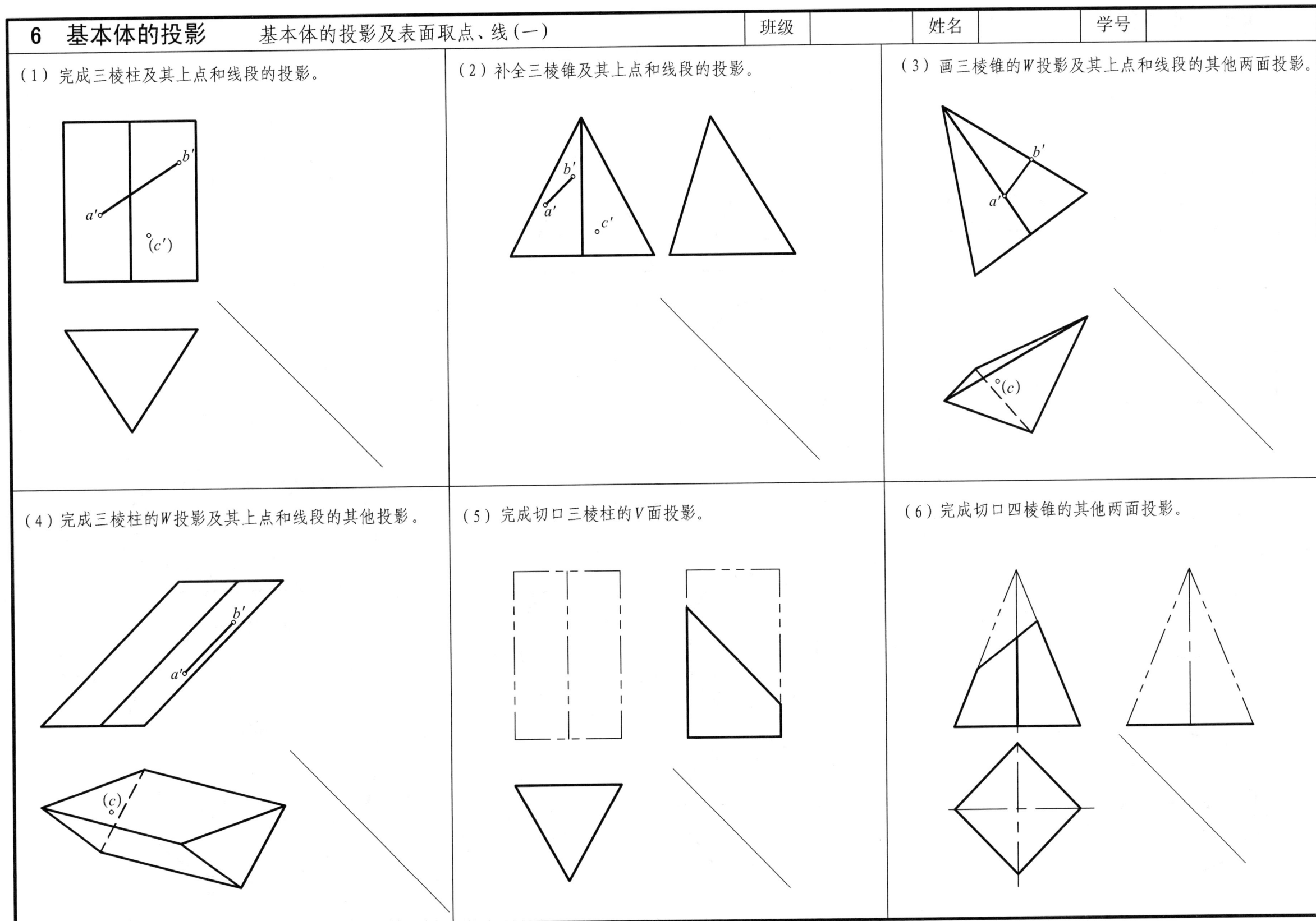

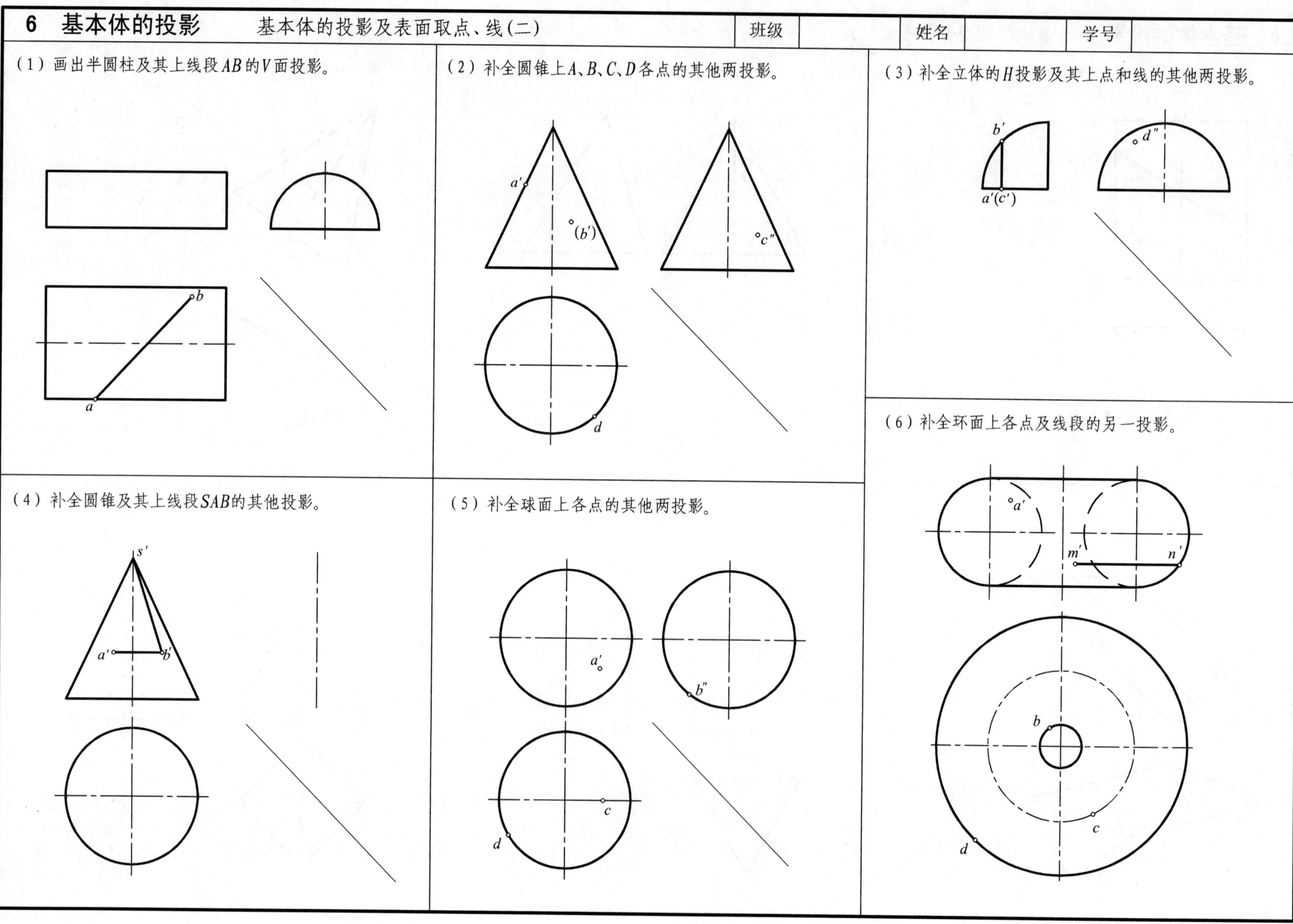

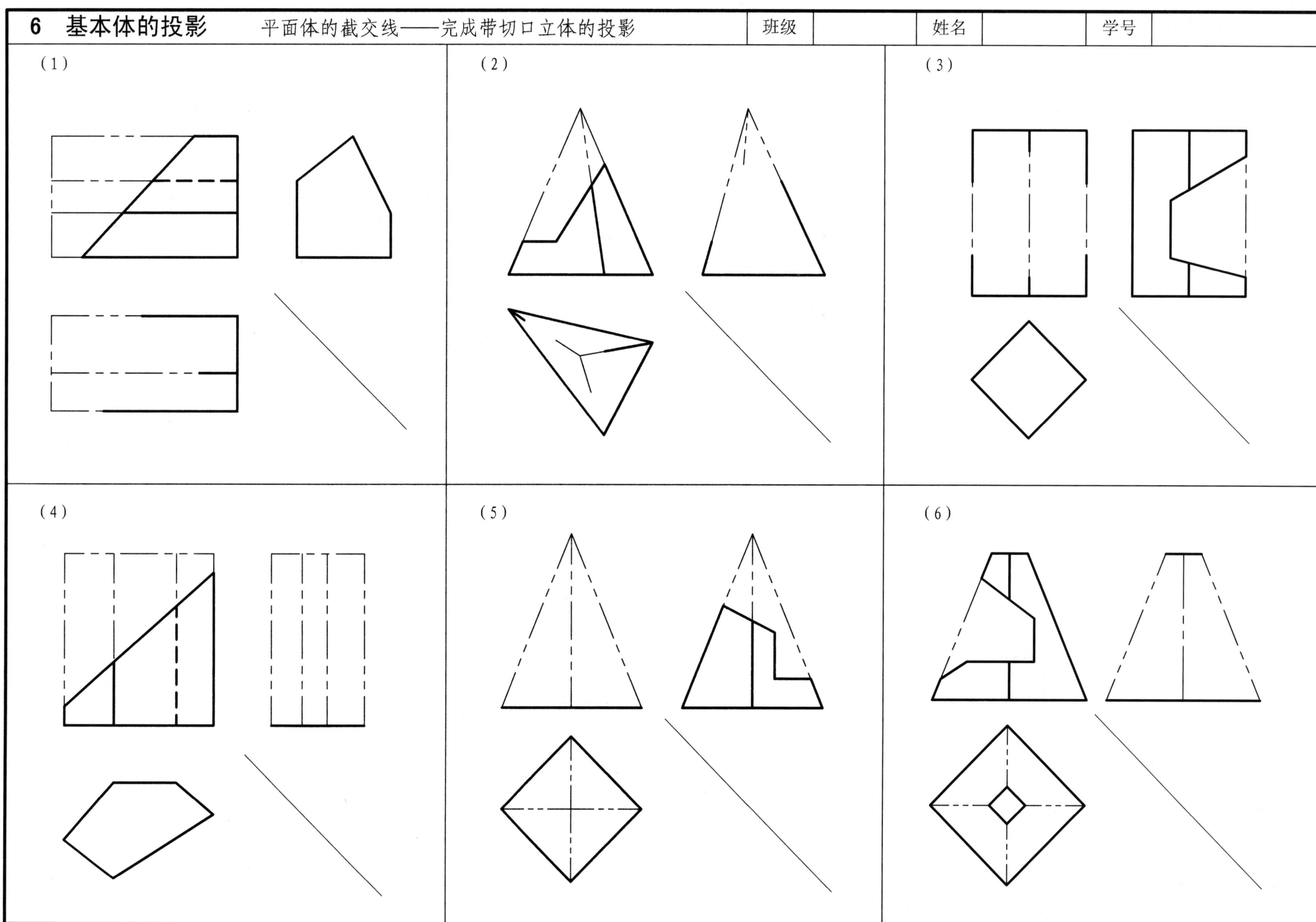

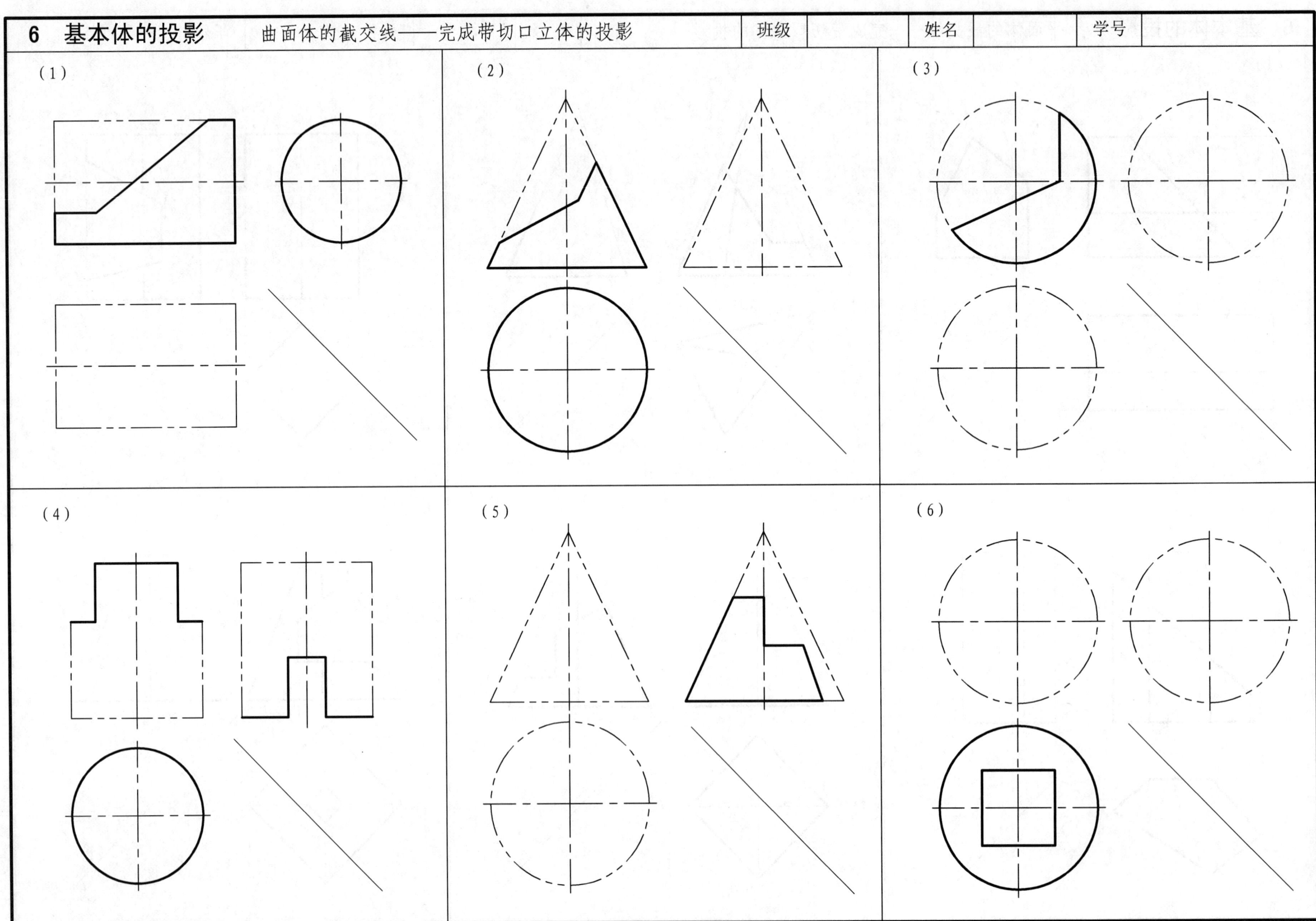

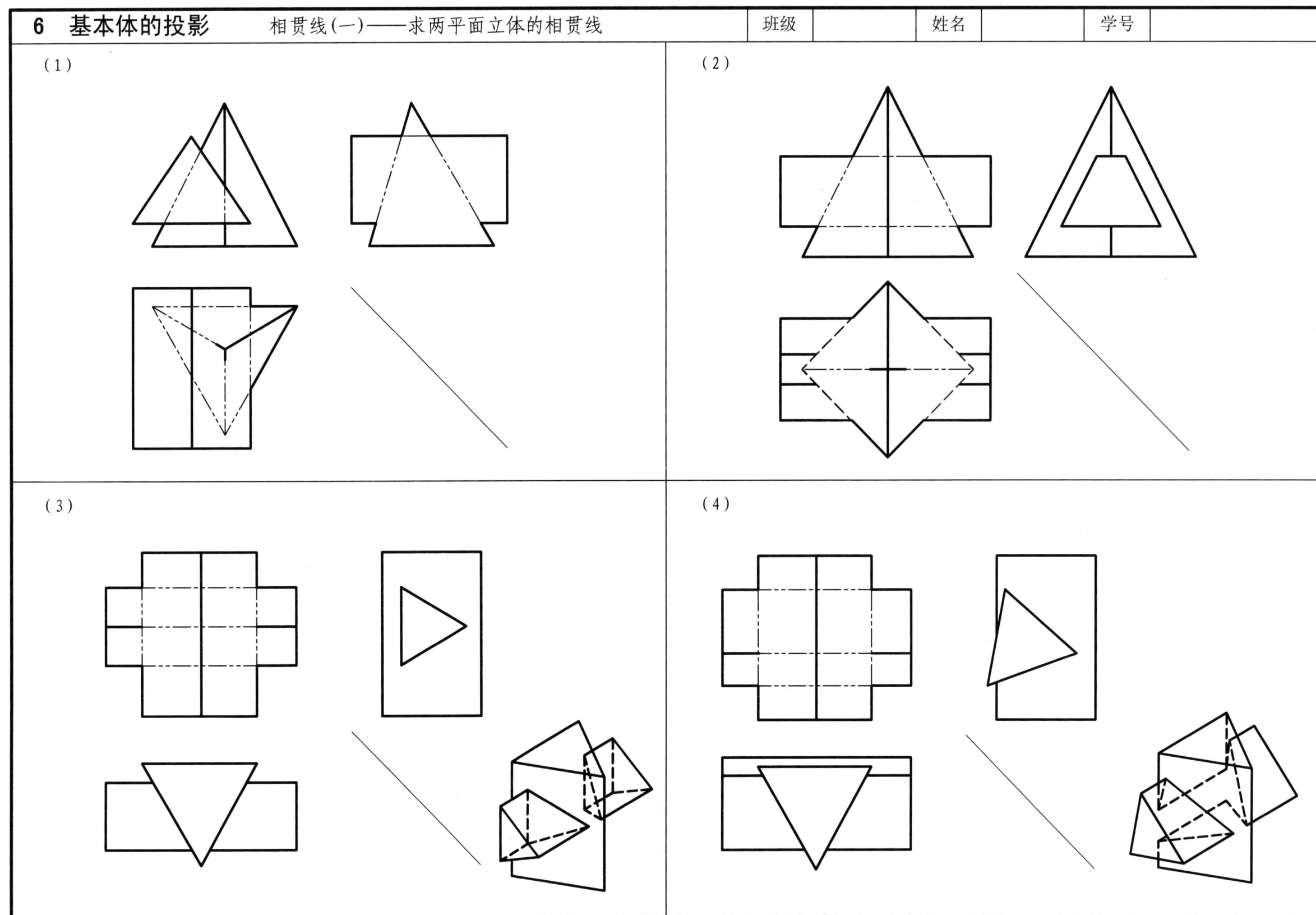

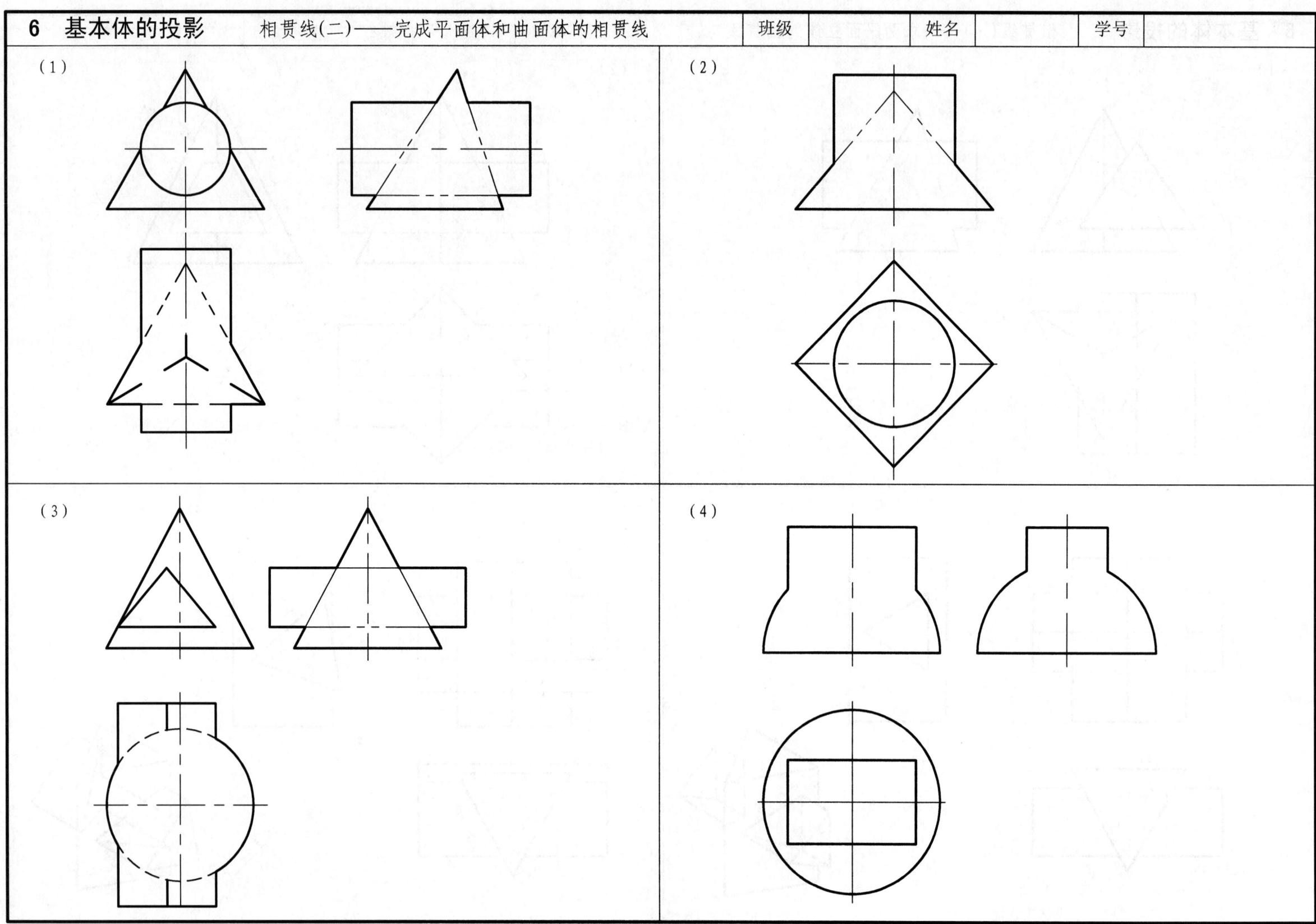

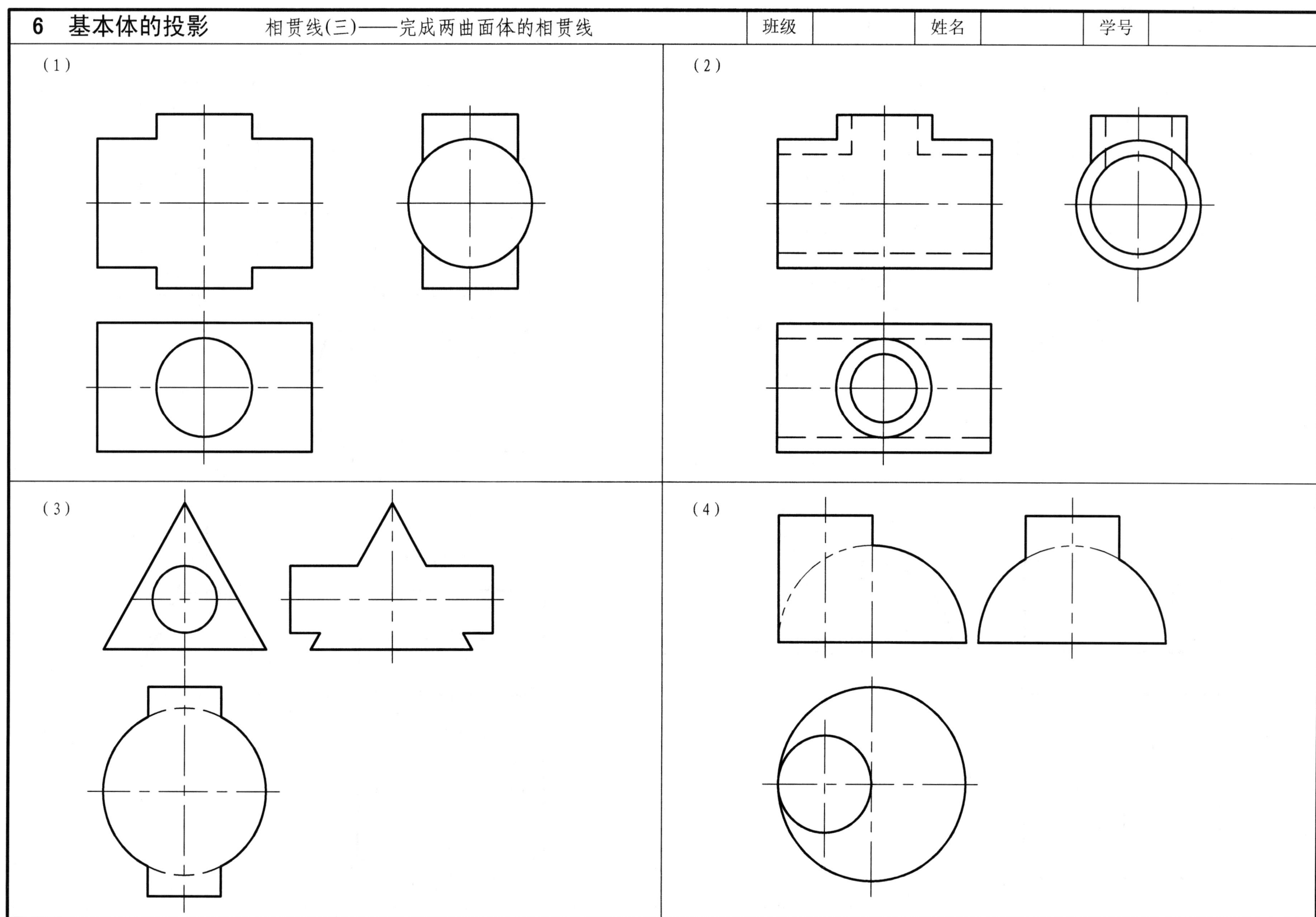

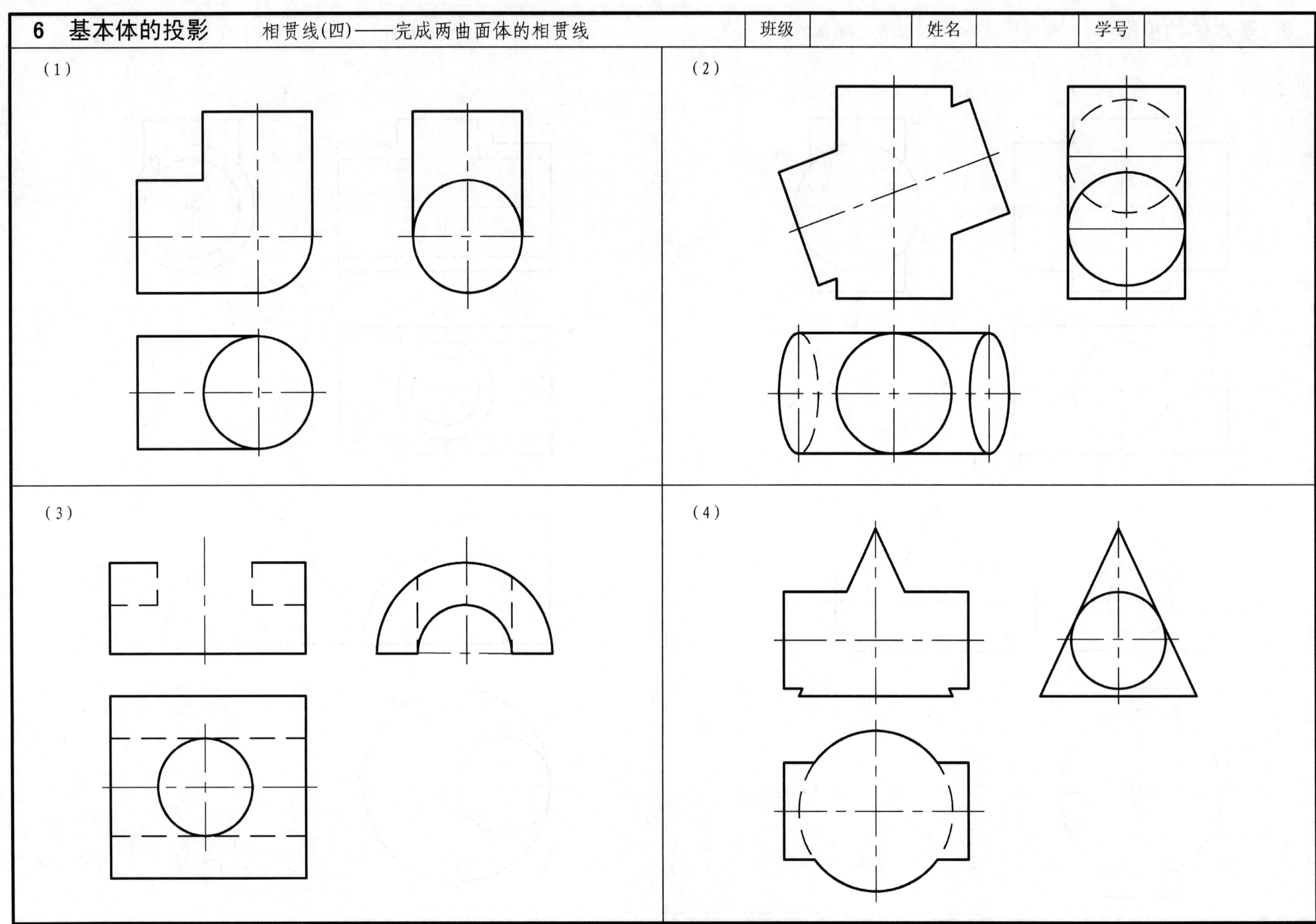

7 轴测投影 作正等轴测投影（一）

作出下列空间形体的正等轴测图。

(1)

(2)

(3)

(4)

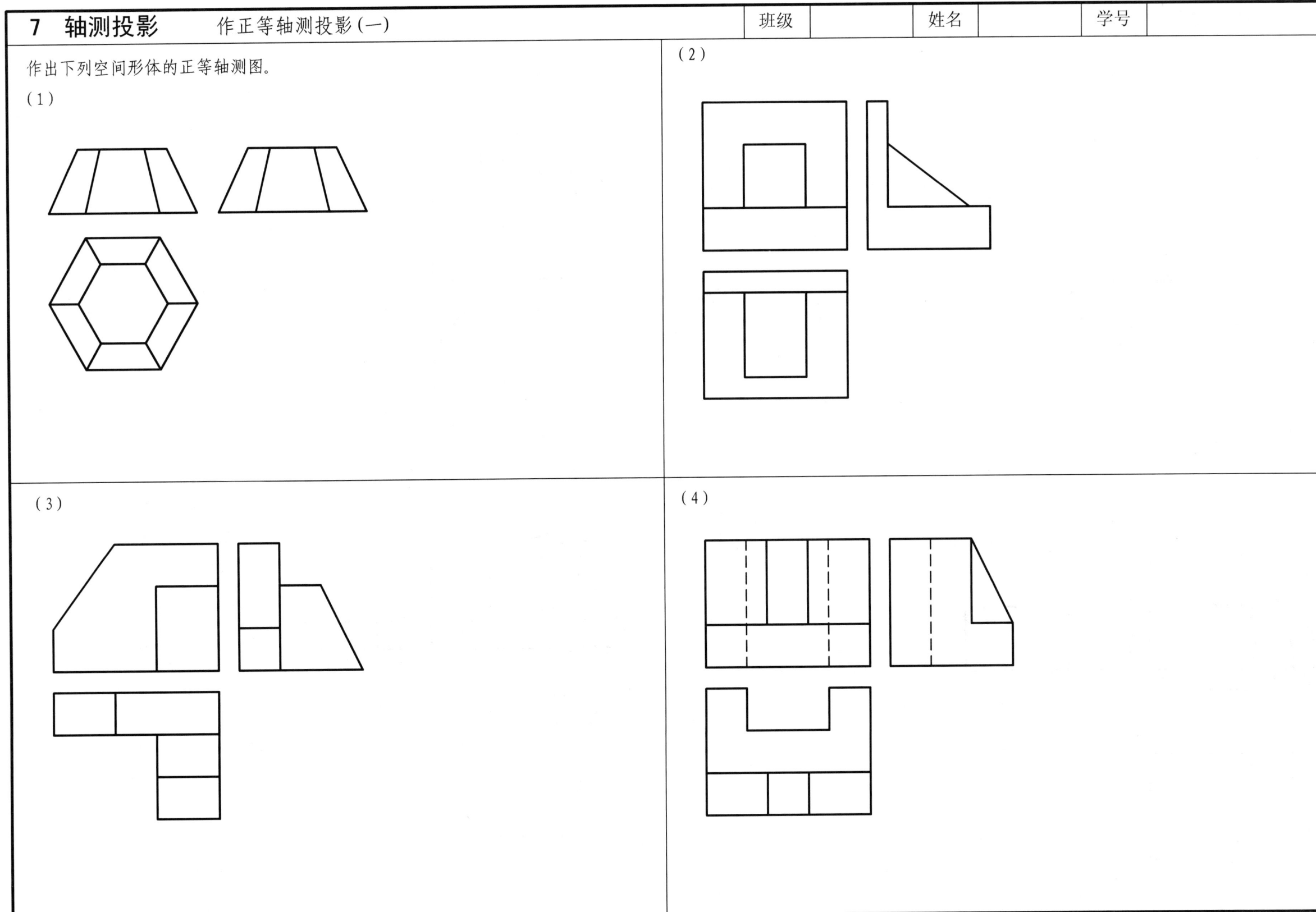

7 轴测投影　作正等轴测投影（二）

作出下列空间形体的正等轴测图。

(1) (2) (3) (4)

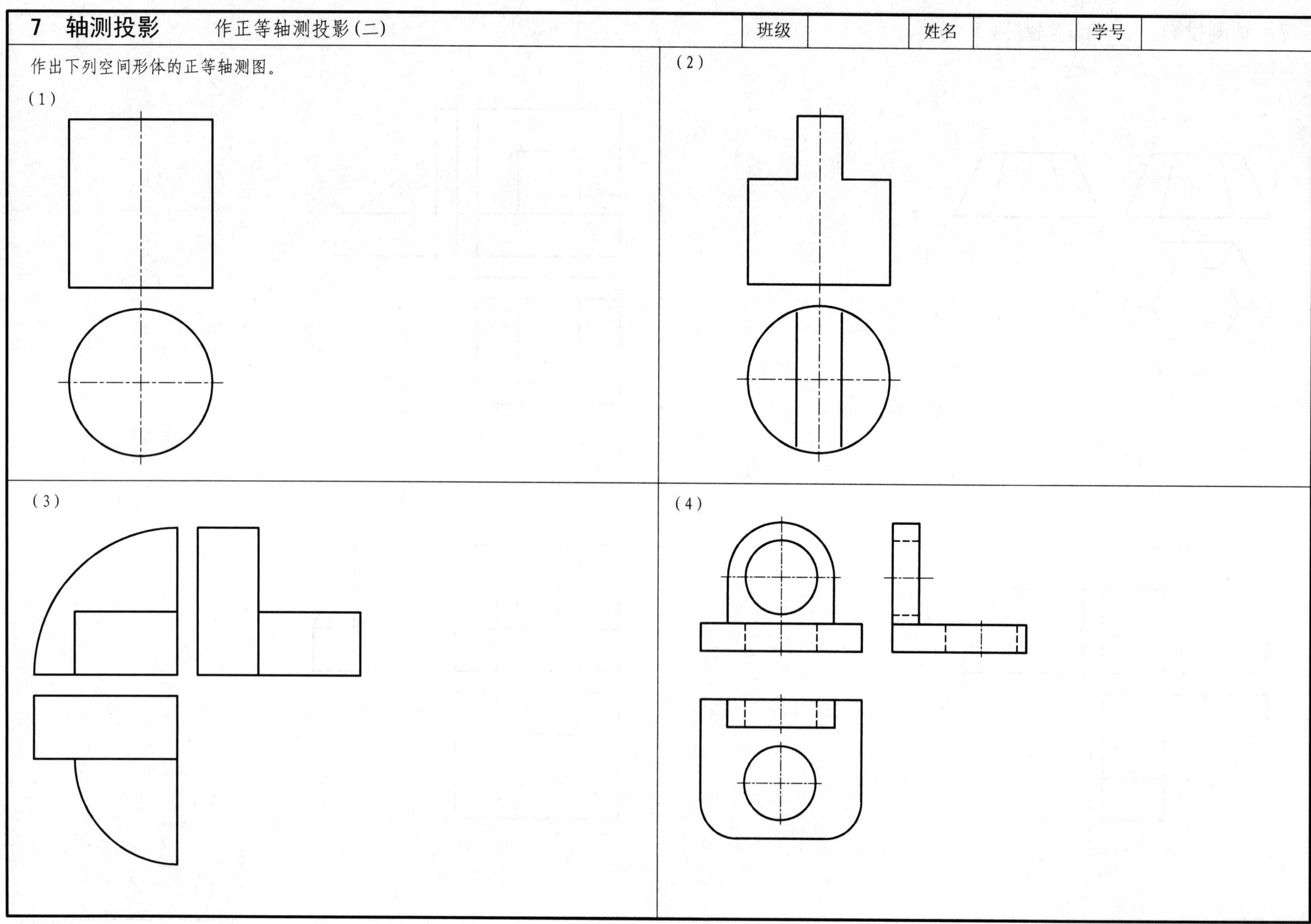

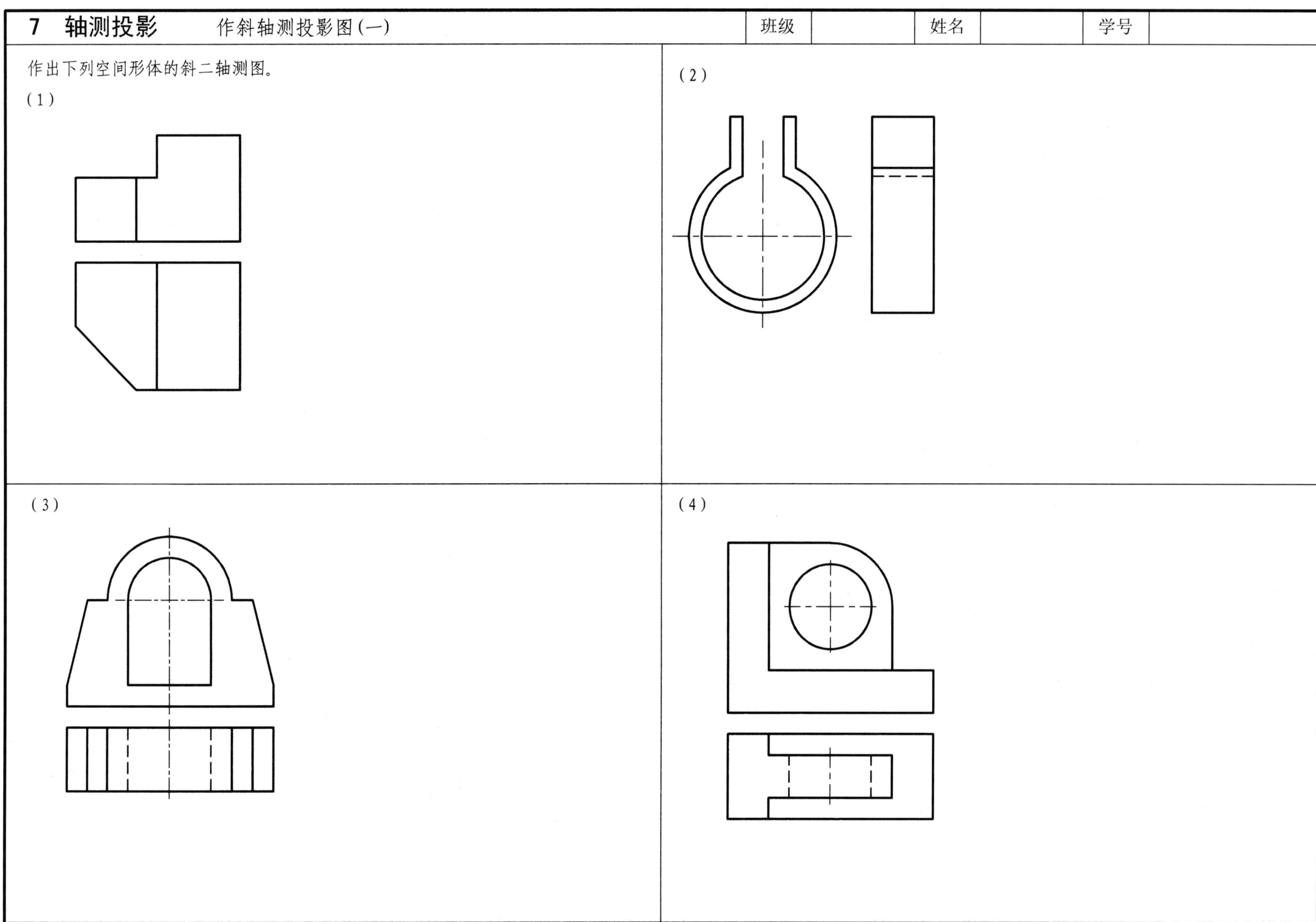

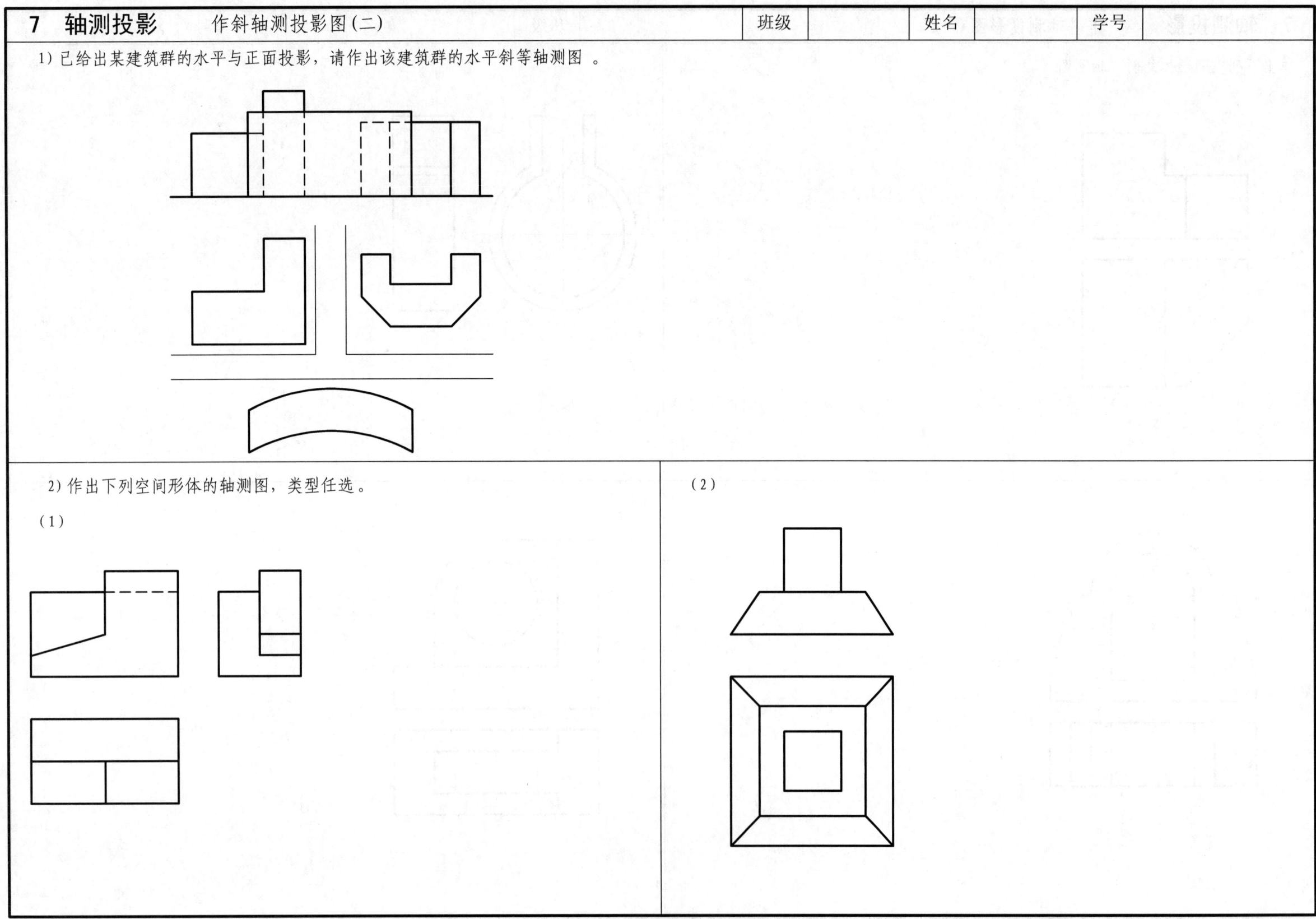

8　组合体的投影

根据立体图作形体的三面投影图并标注尺寸（不标具体数值大小）

班级　　　姓名　　　学号

（1）

（2）

（3）

（4）

（5）

（6）

8 组合体的投影

根据立体图作形体的三面投影图（尺寸从图中直接量取）

班级　　　姓名　　　学号

（1）

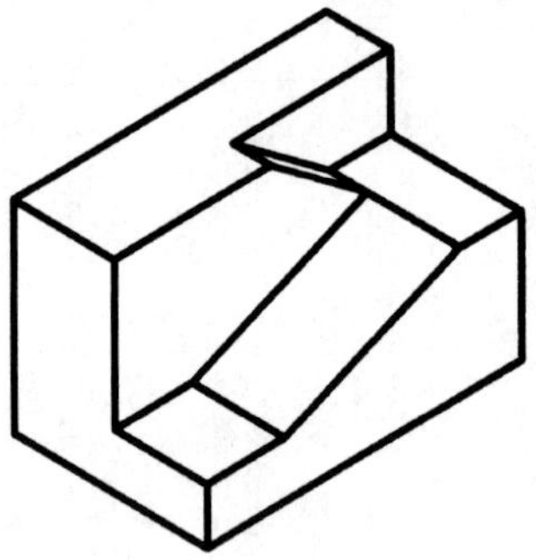

（2）

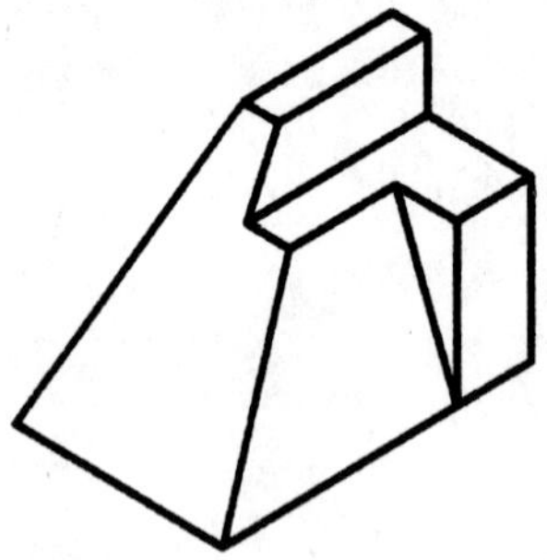

（3）

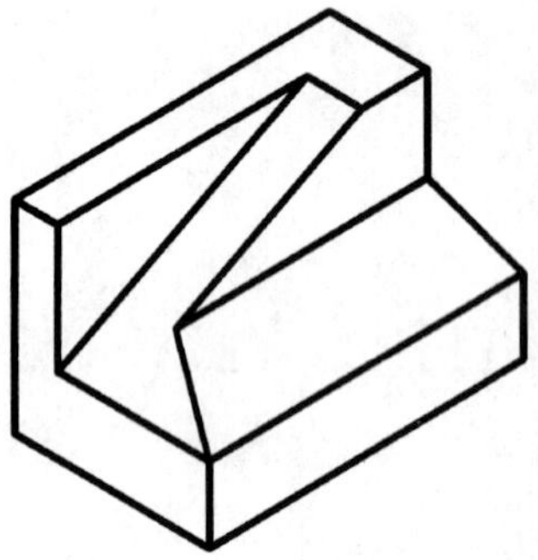

（4）

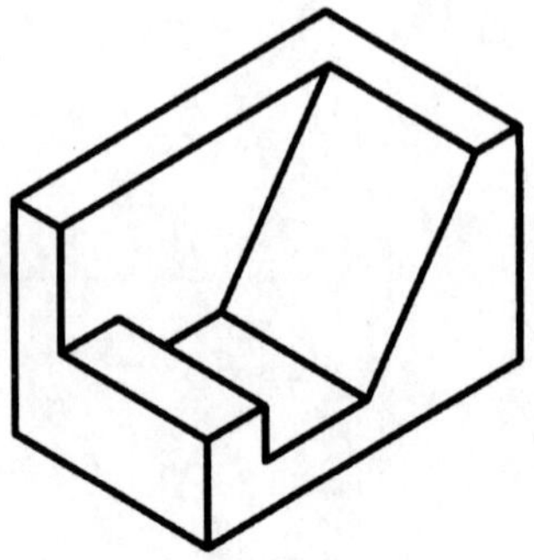

（5）

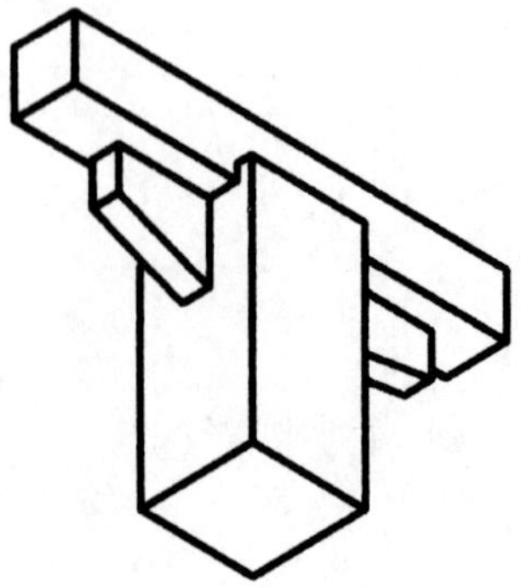

（6）

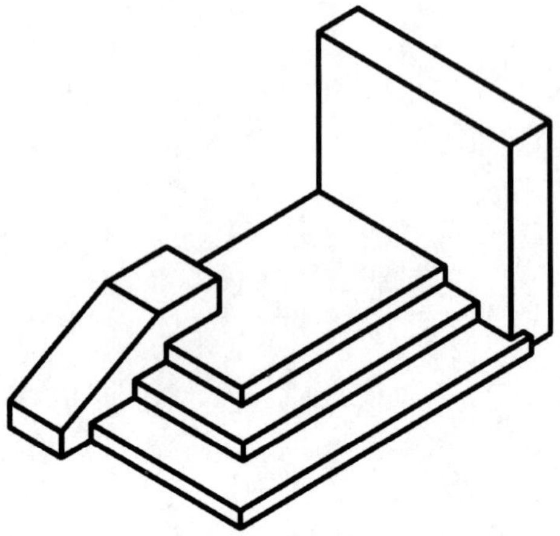

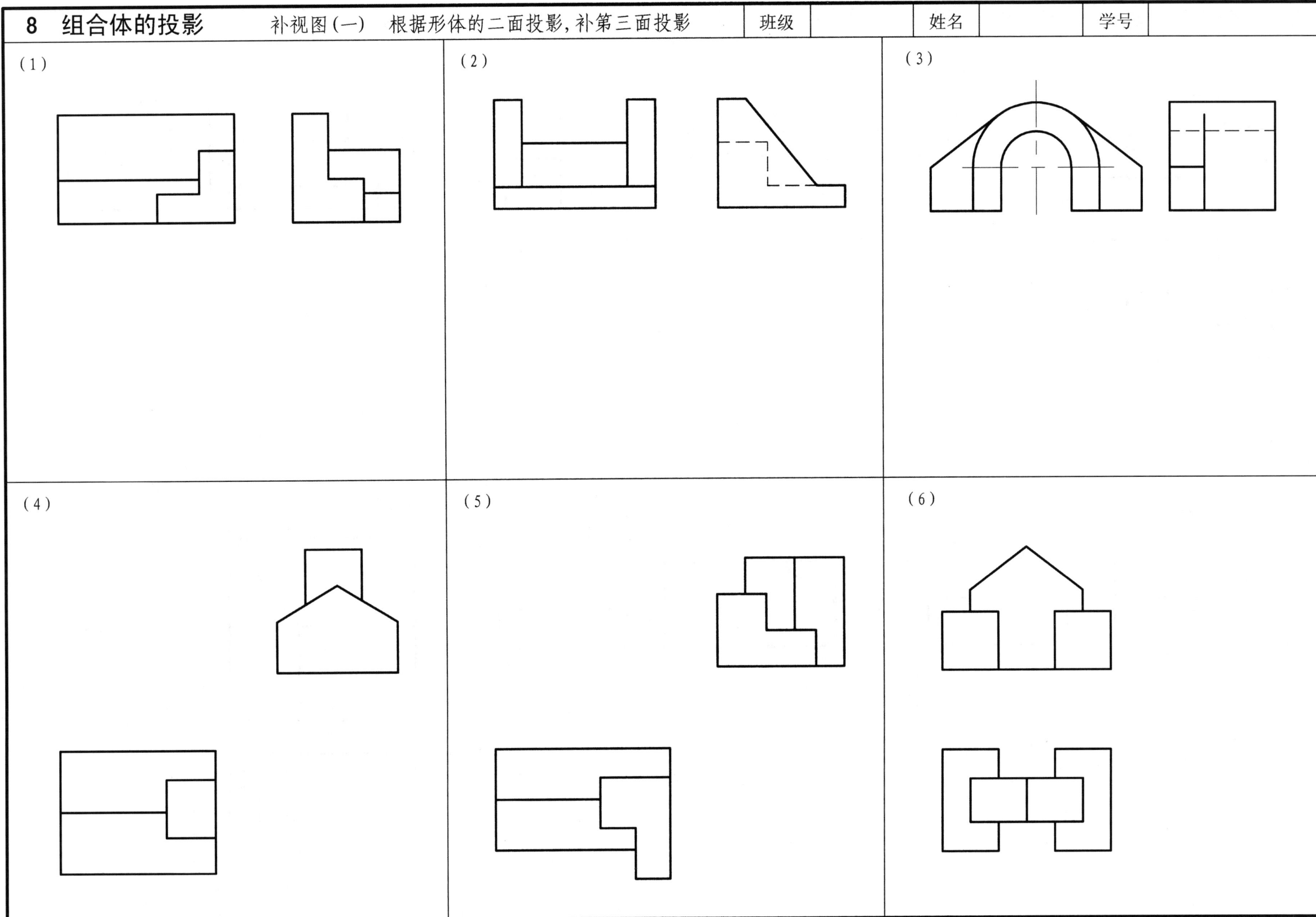

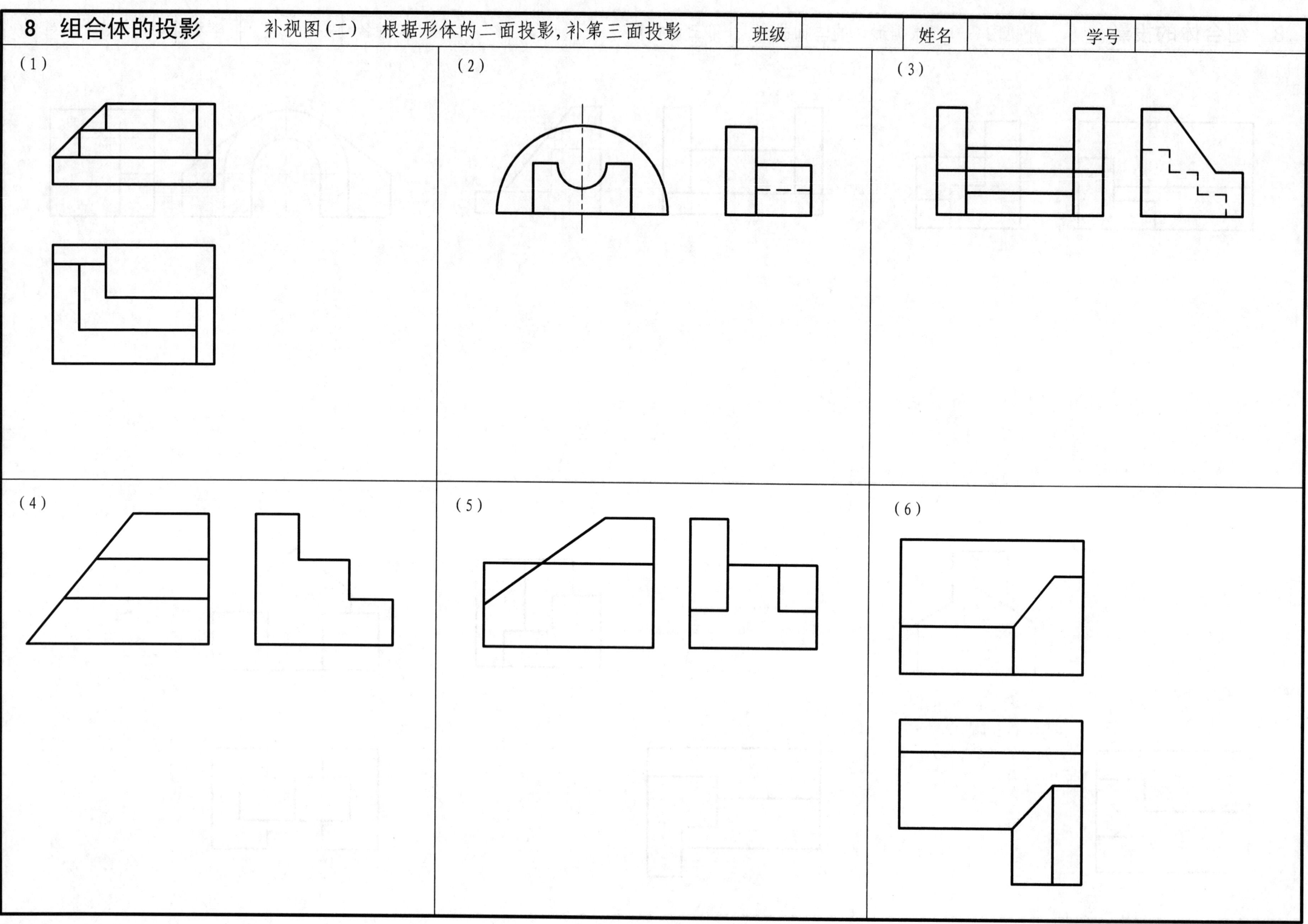

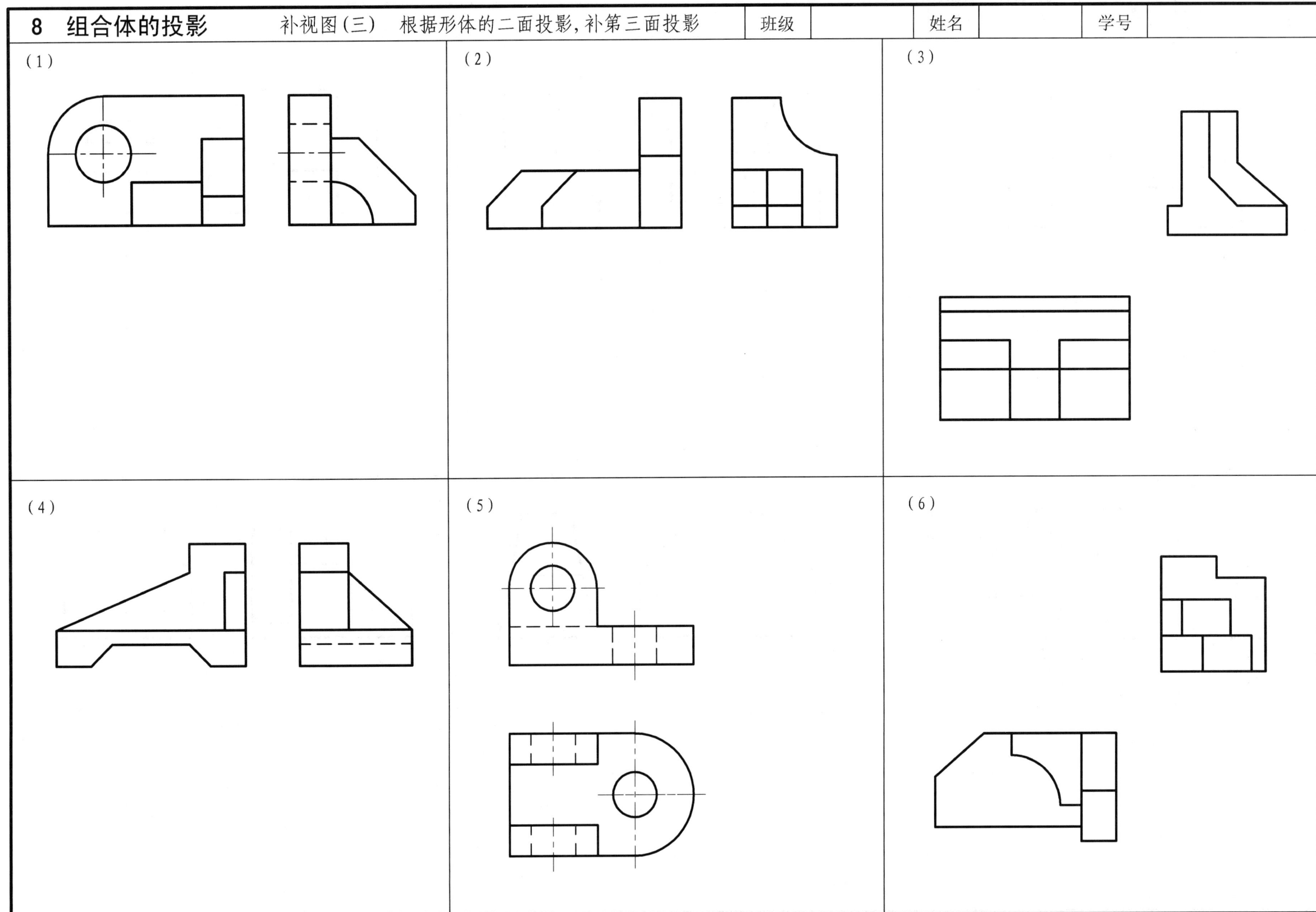

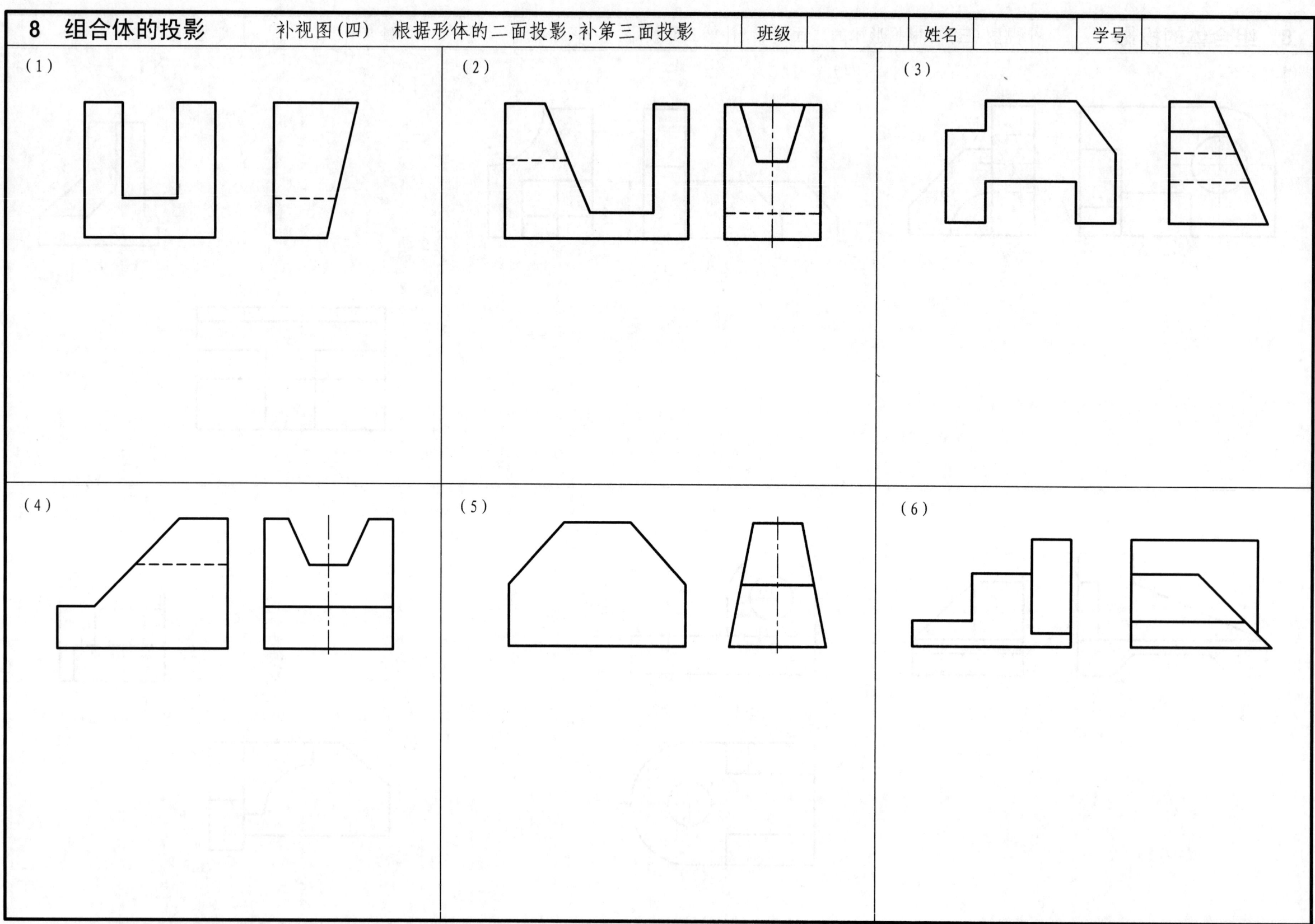

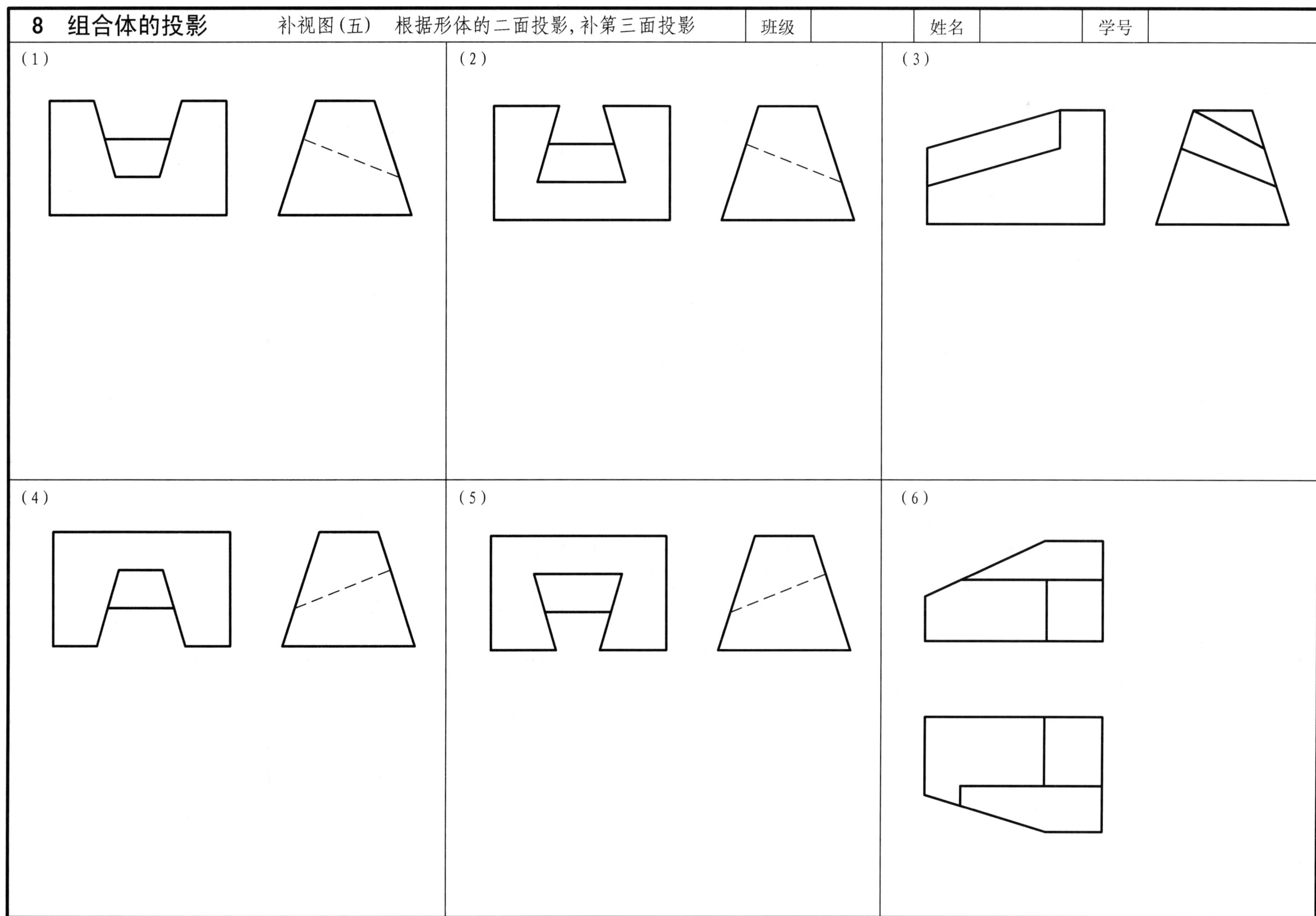

8 组合体的投影　　补视图(六)　根据形体的二面投影,补第三面投影　　班级　　姓名　　学号

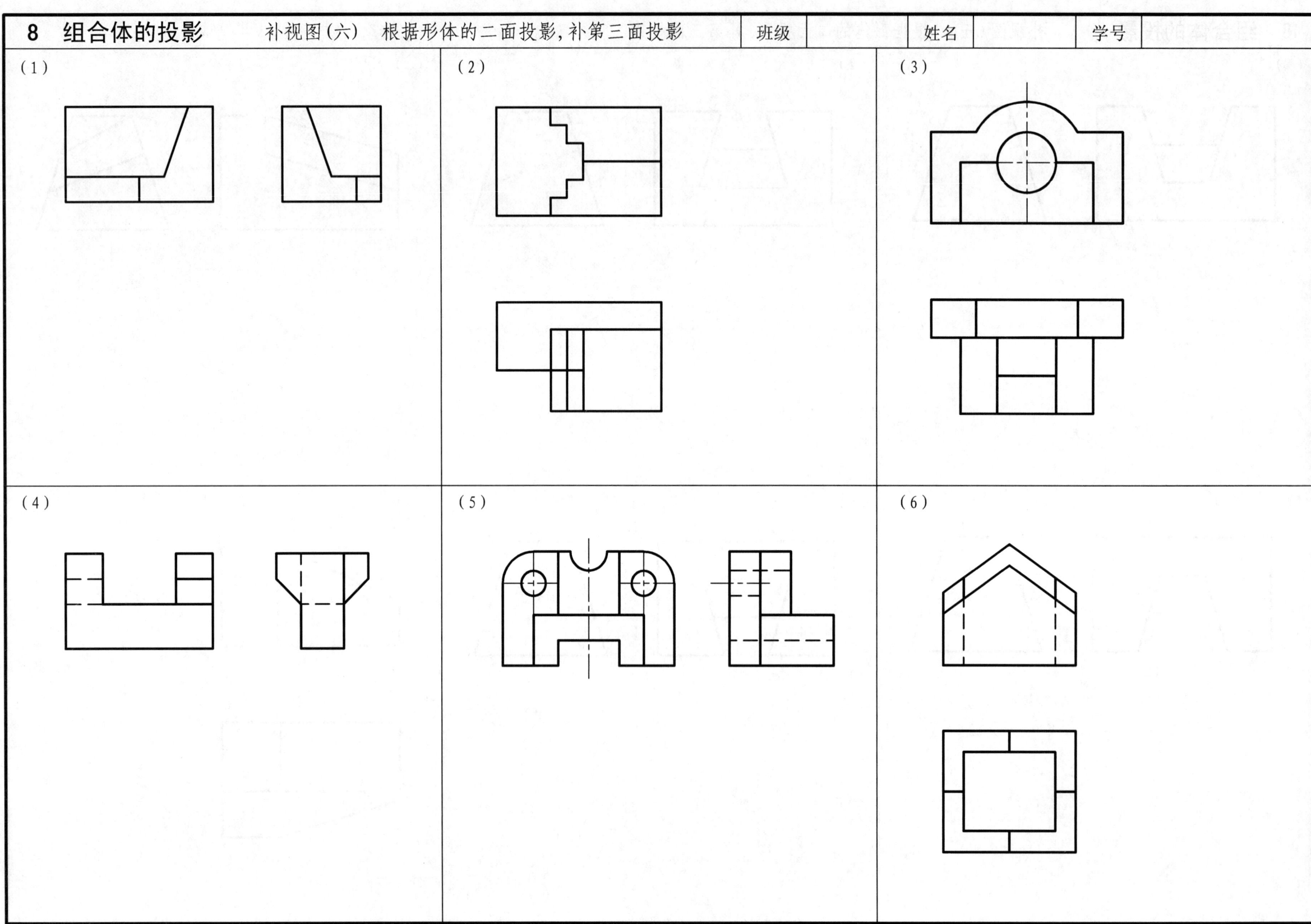

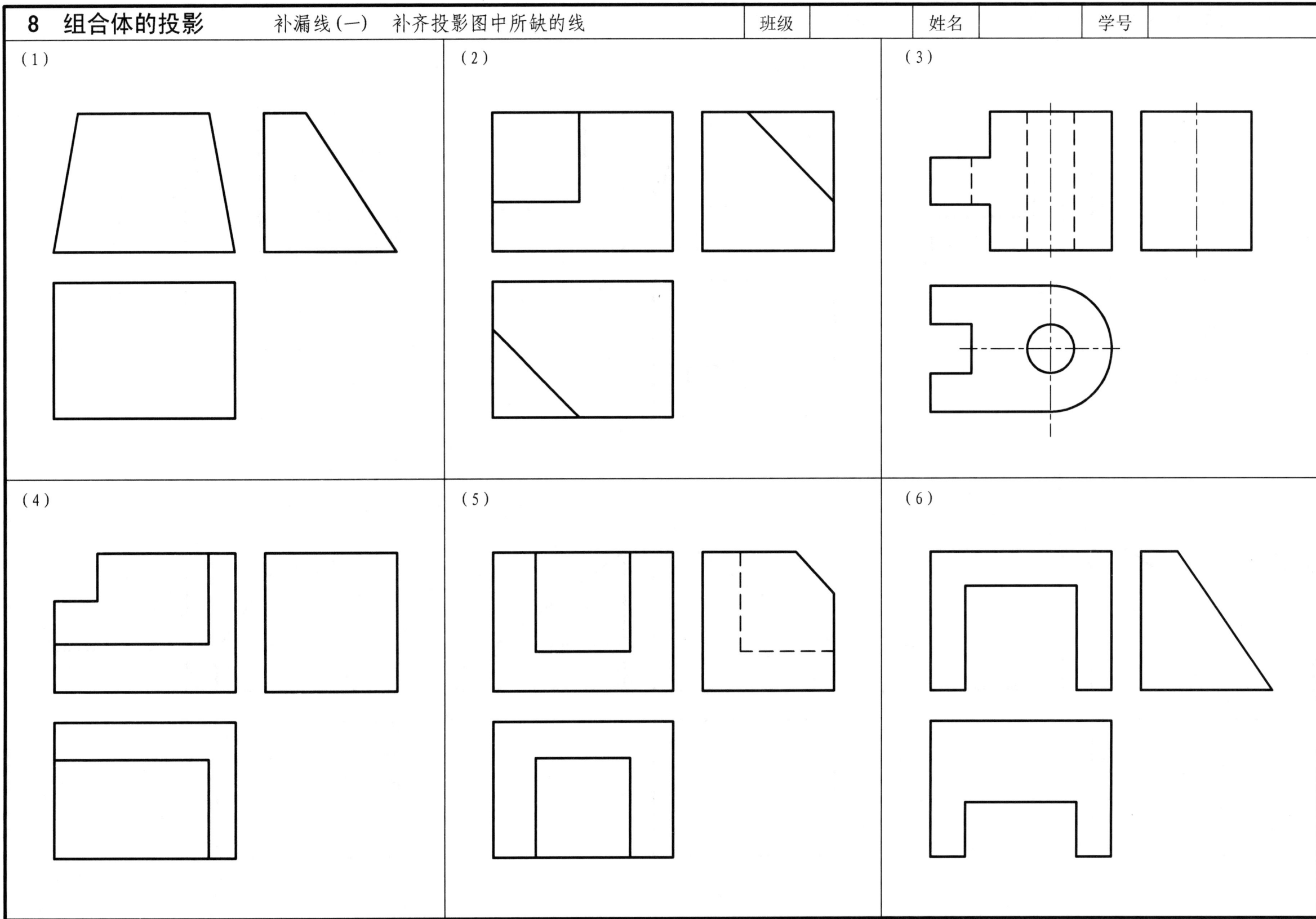

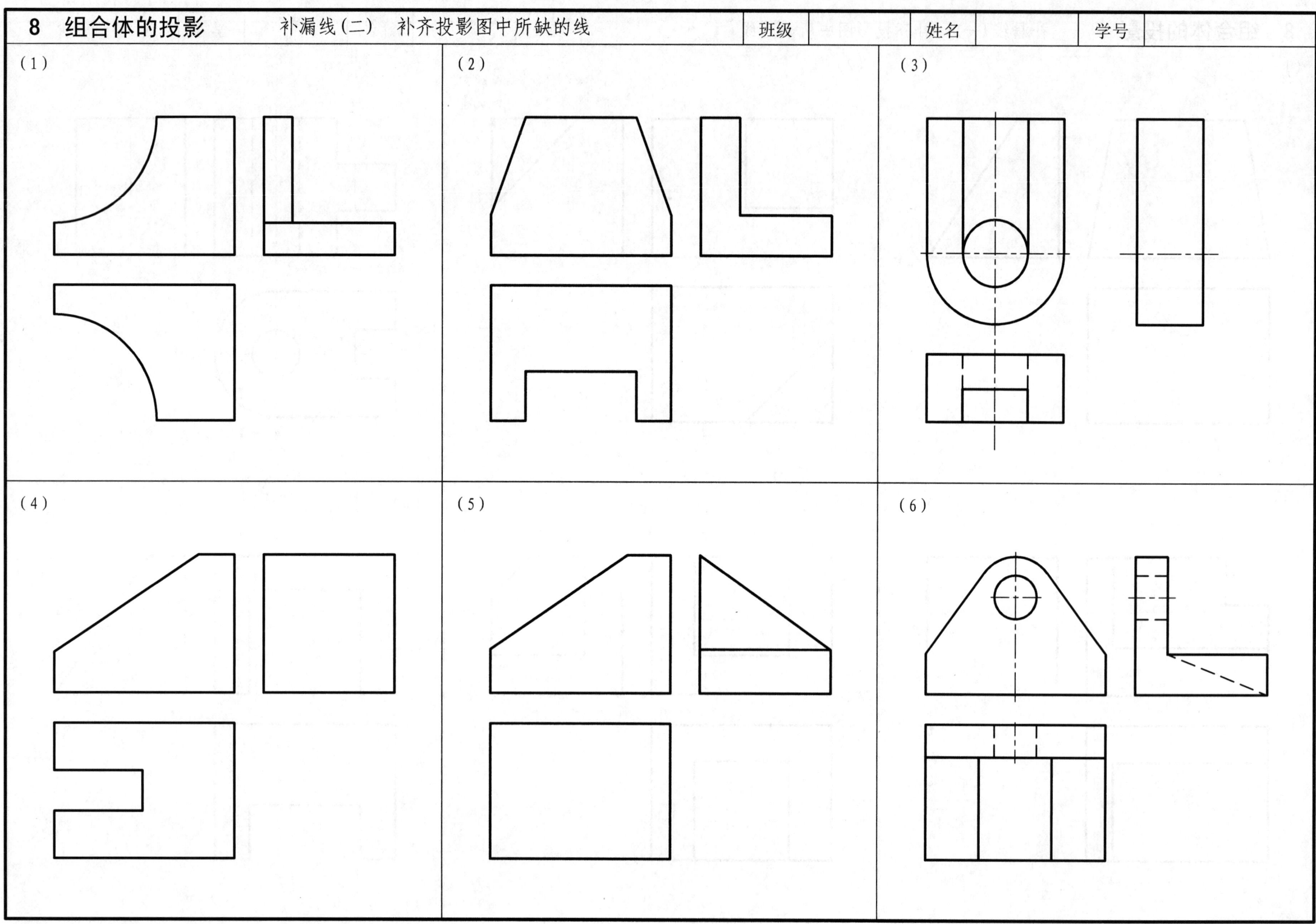

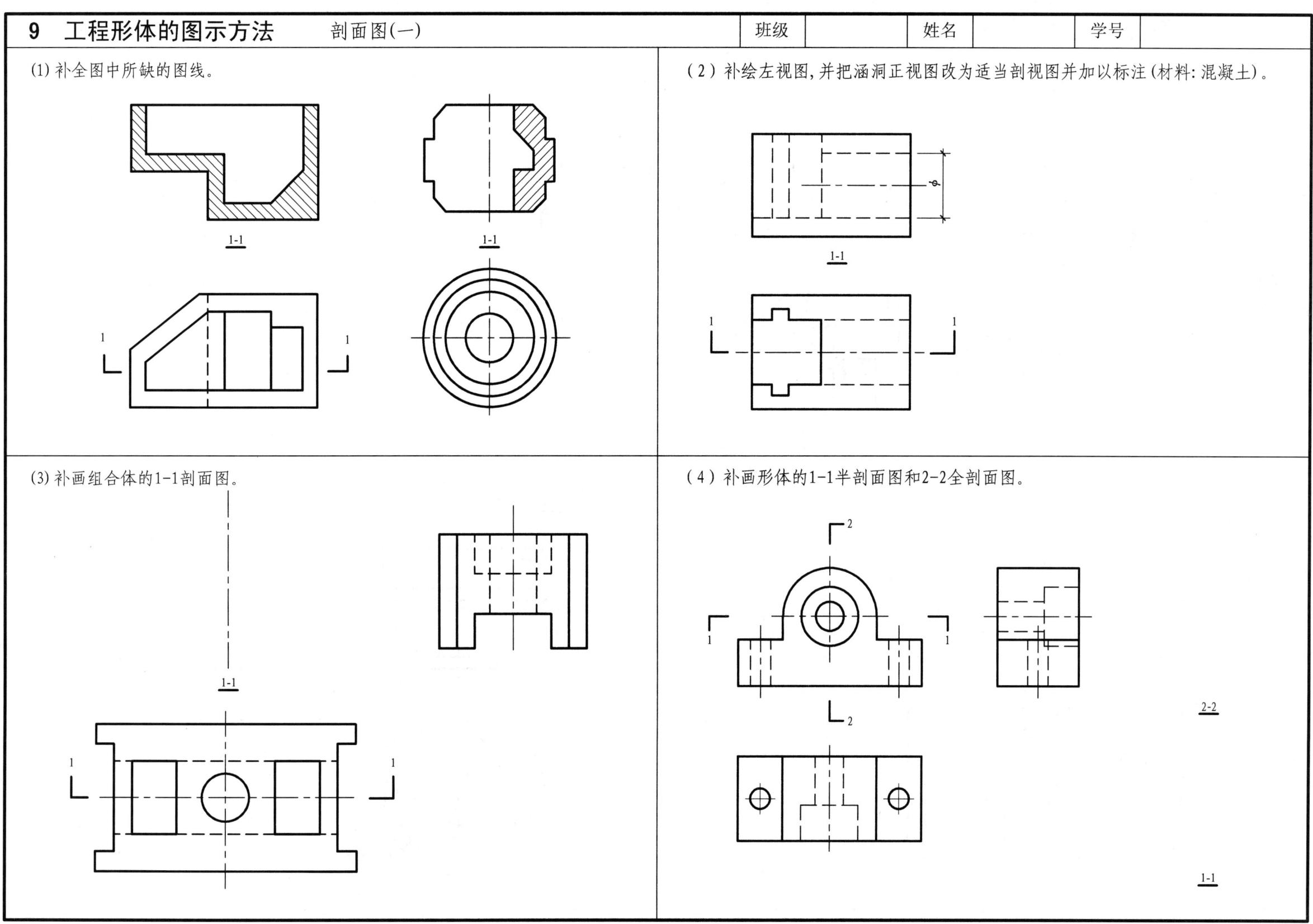

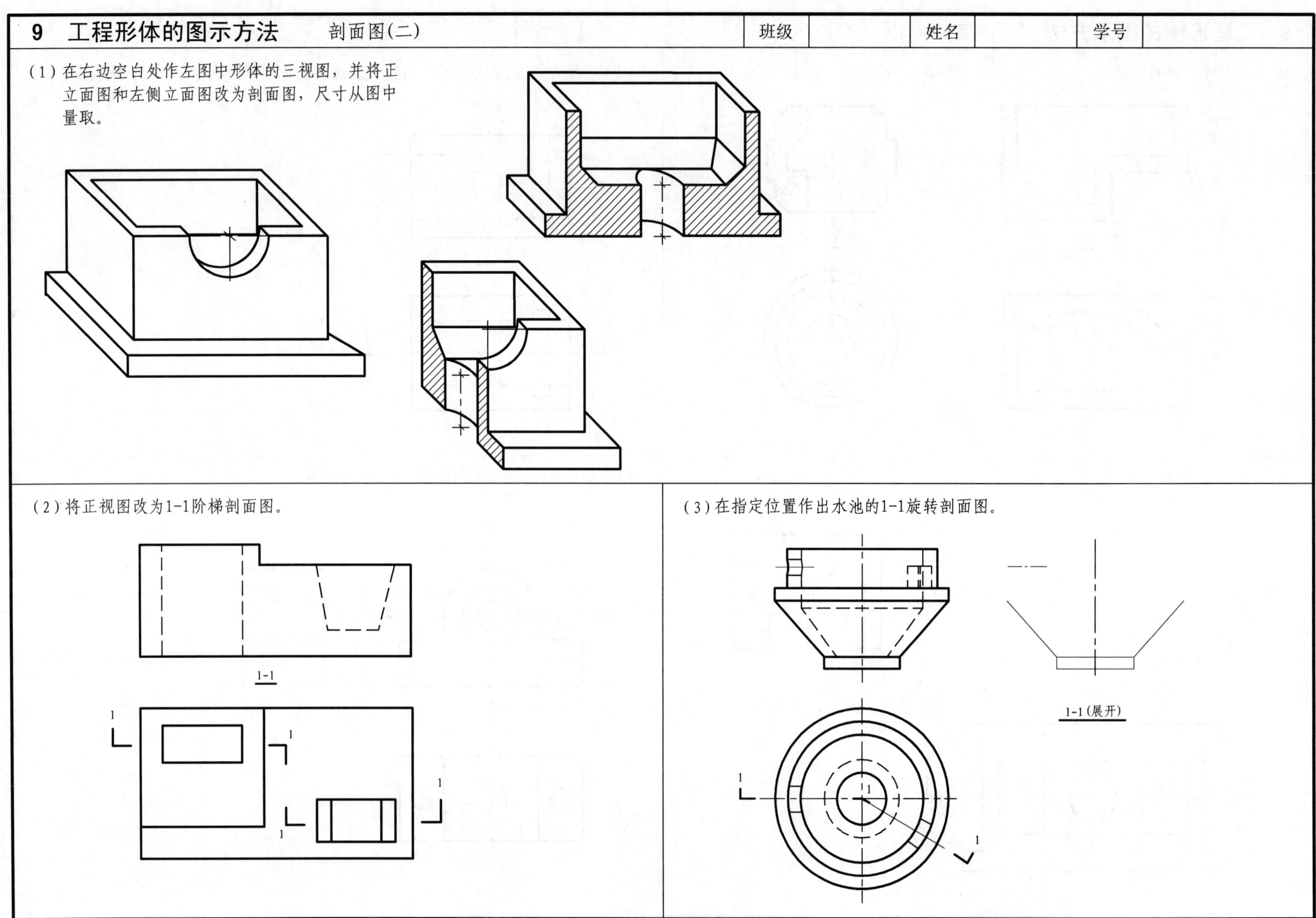

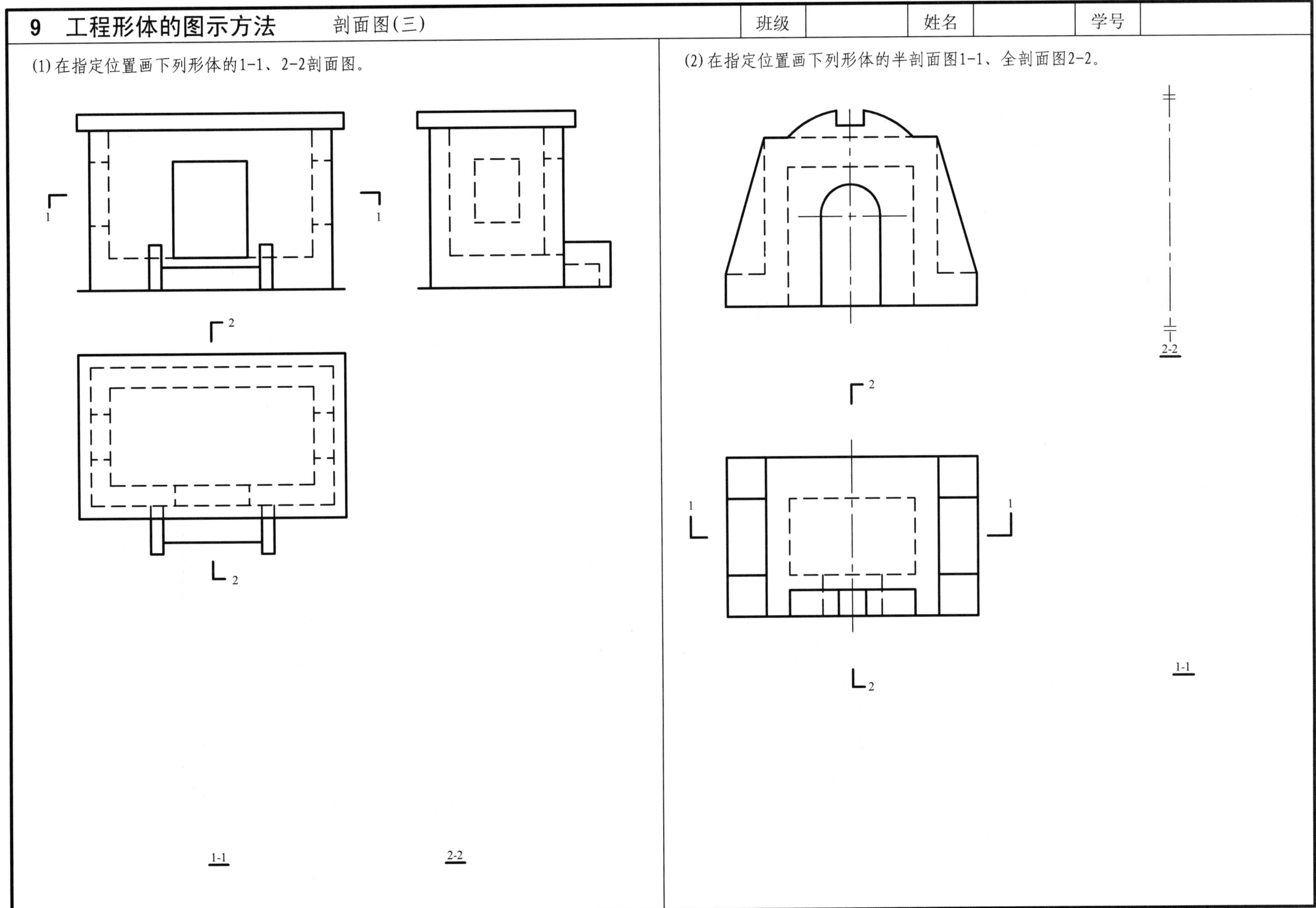

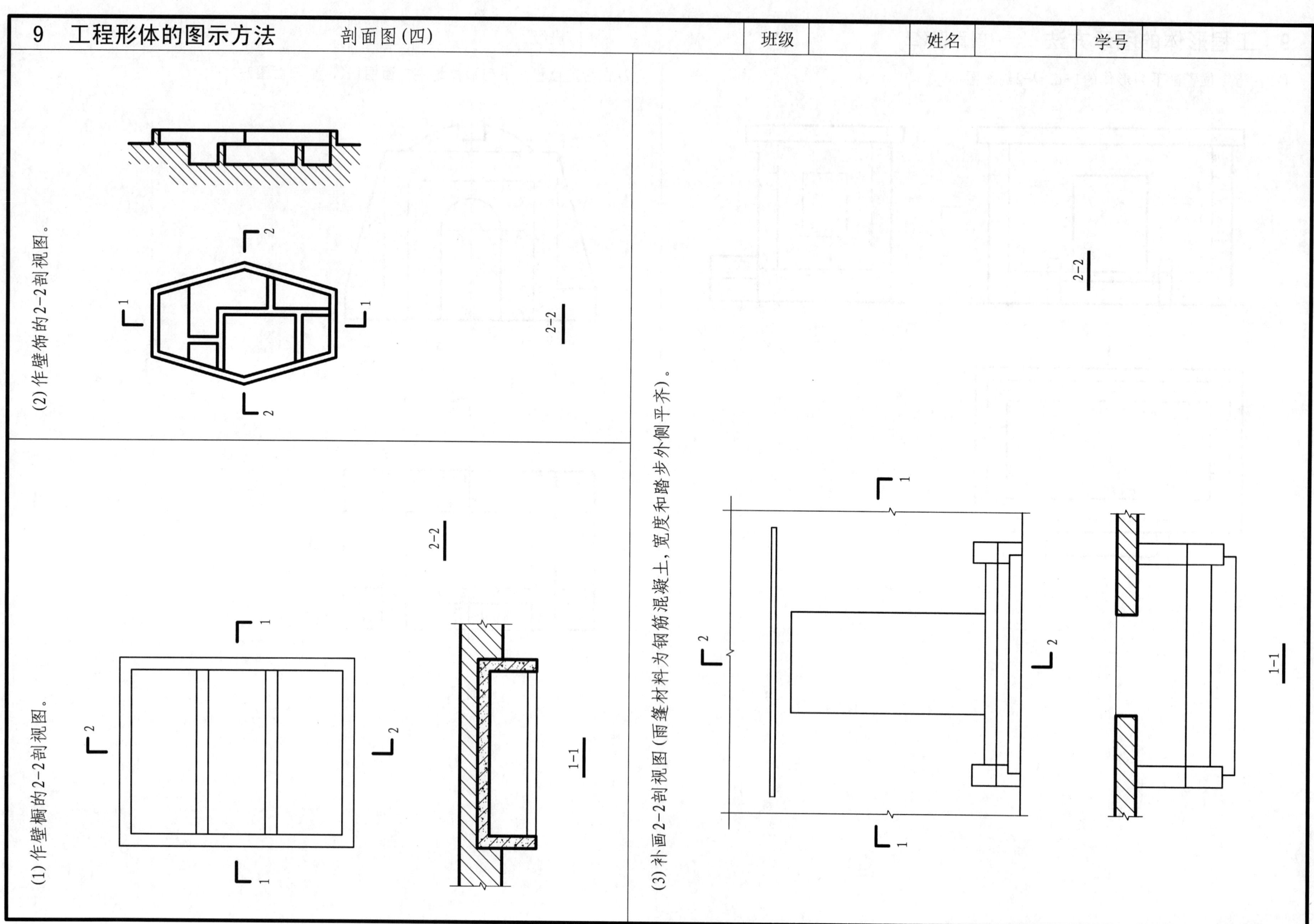

9　工程形体的图示方法　断面图	班级		姓名		学号	

(1) 画出下图的1-1、2-2、3-3断面图。

1-1　　2-2

3-3

(2) 画出下图的1-1、2-2、3-3断面图。

1-1

2-2

3-3

(3) 作出下图的1-1、2-2、3-3断面图。

1-1　　2-2　　3-3

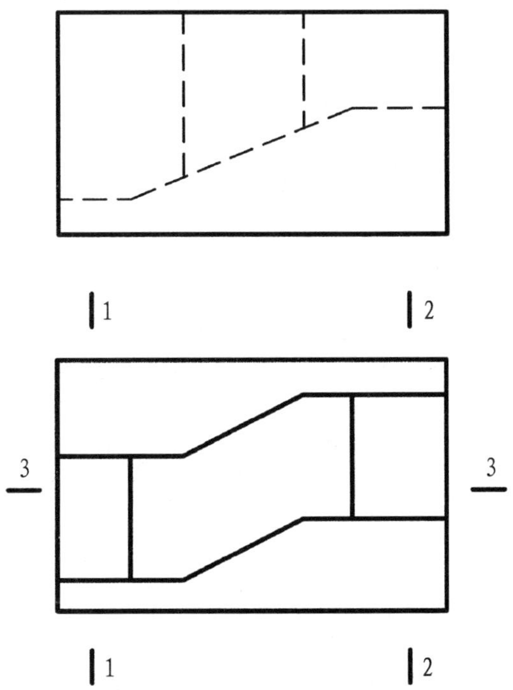

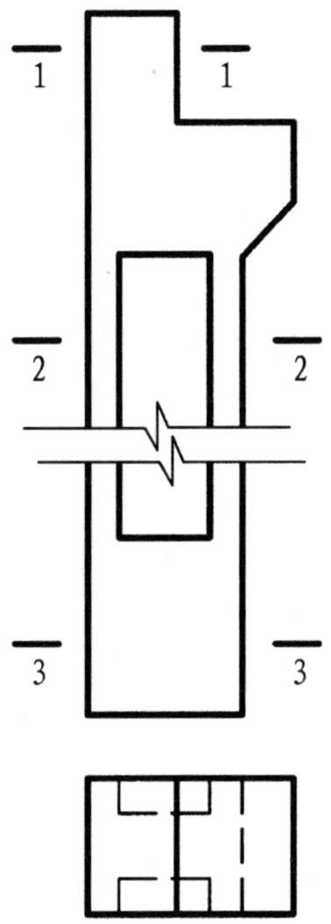

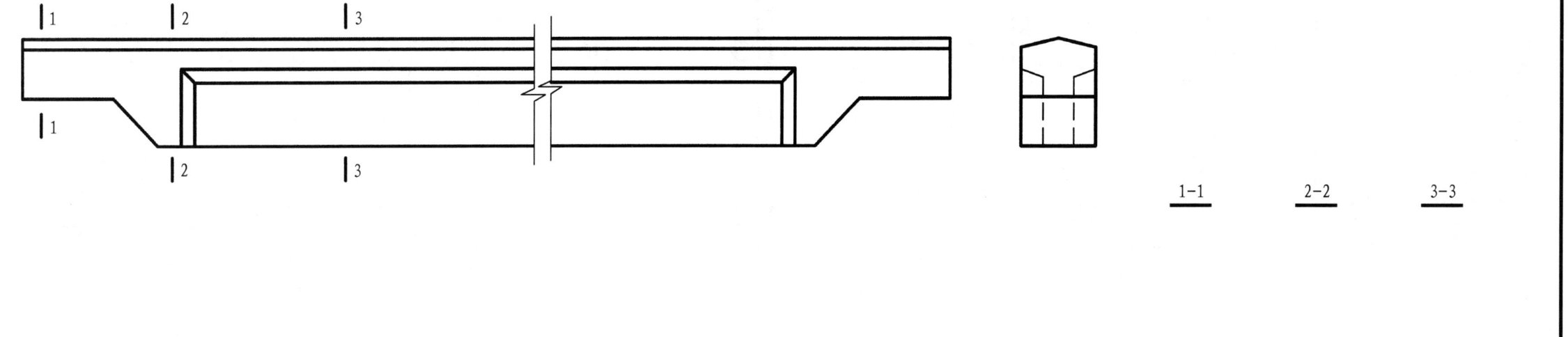

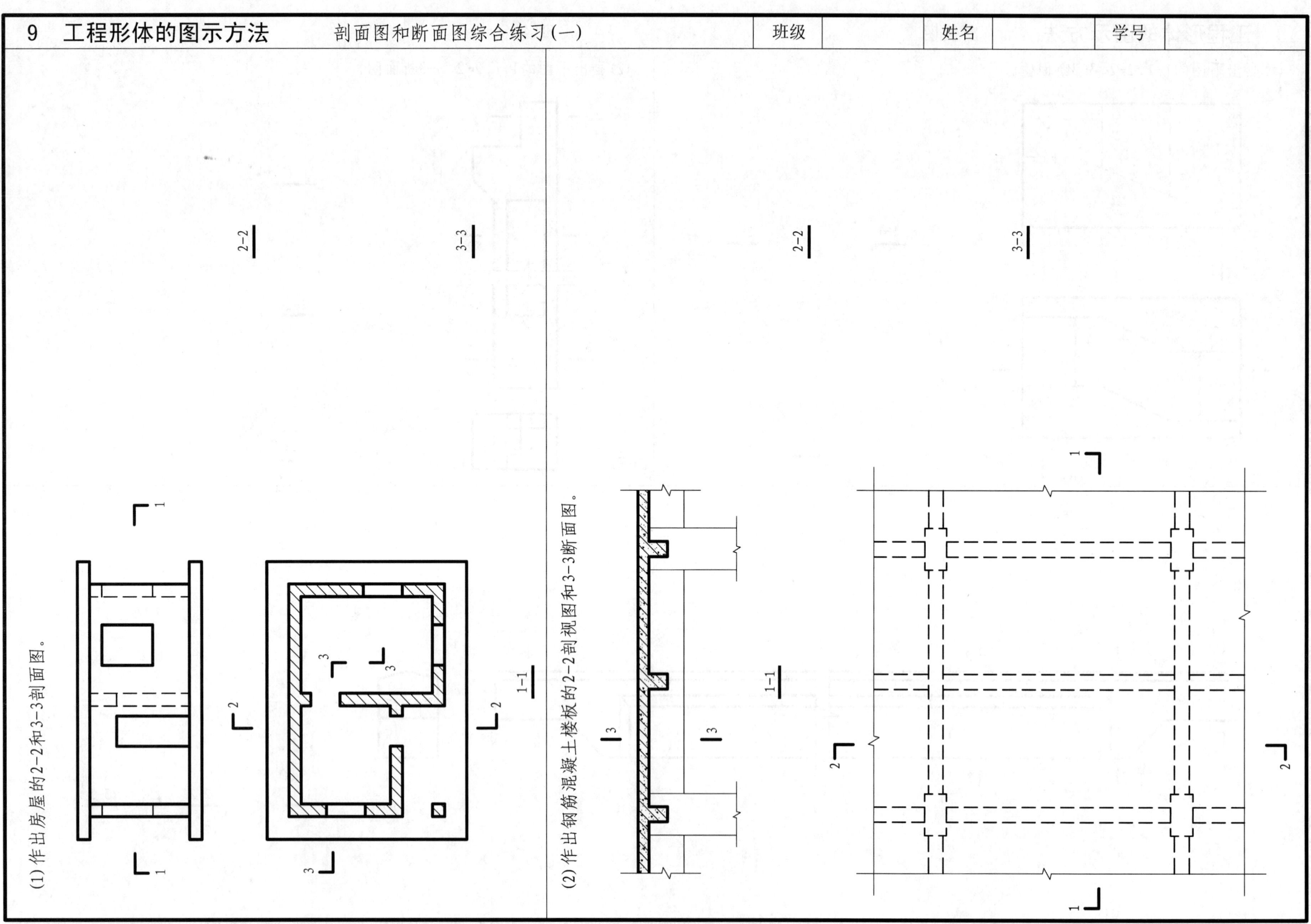

9 工程形体的图示方法   剖面图和断面图综合练习（二）

班级	姓名	学号

在A3图纸上按要求绘制右边图样（任选其中一题）。

题目一：绘制含有剖面的三视图，图名：三视图，比例1:1。

题目二：根据给出的窨井轴测图，绘制适当的剖面图和断面图。图名：窨井，比例1:10。

要求

（1）图纸：A3幅面（题目二可选用立式幅面）。
（2）图线：粗线宽0.7 mm，中粗线宽0.35 mm，细线宽0.18 mm。
（3）字体：图名和校名采用10号字或7号字，字母和数字采用3.5号字，其余为5号字。
（4）图中尺寸单位为毫米。题目二中窨井左右对称且前后对称，故立面图和平面图可画为半剖面图，另外再画出管道断面图。

(1)
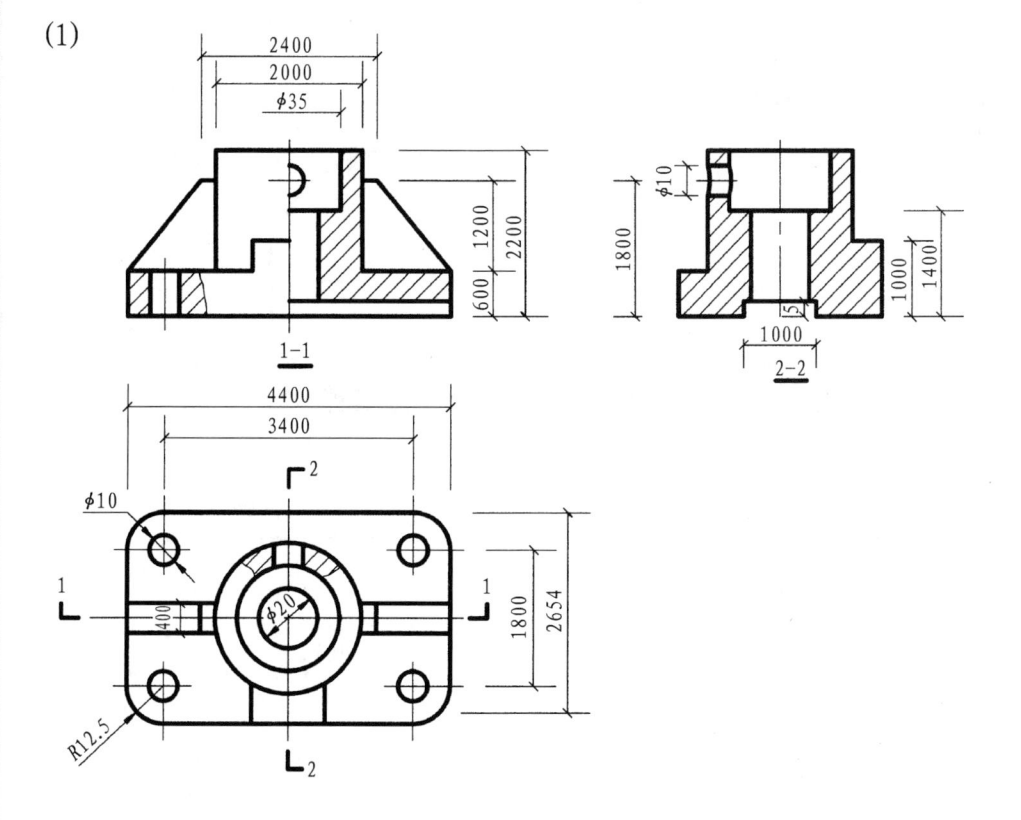

(2)
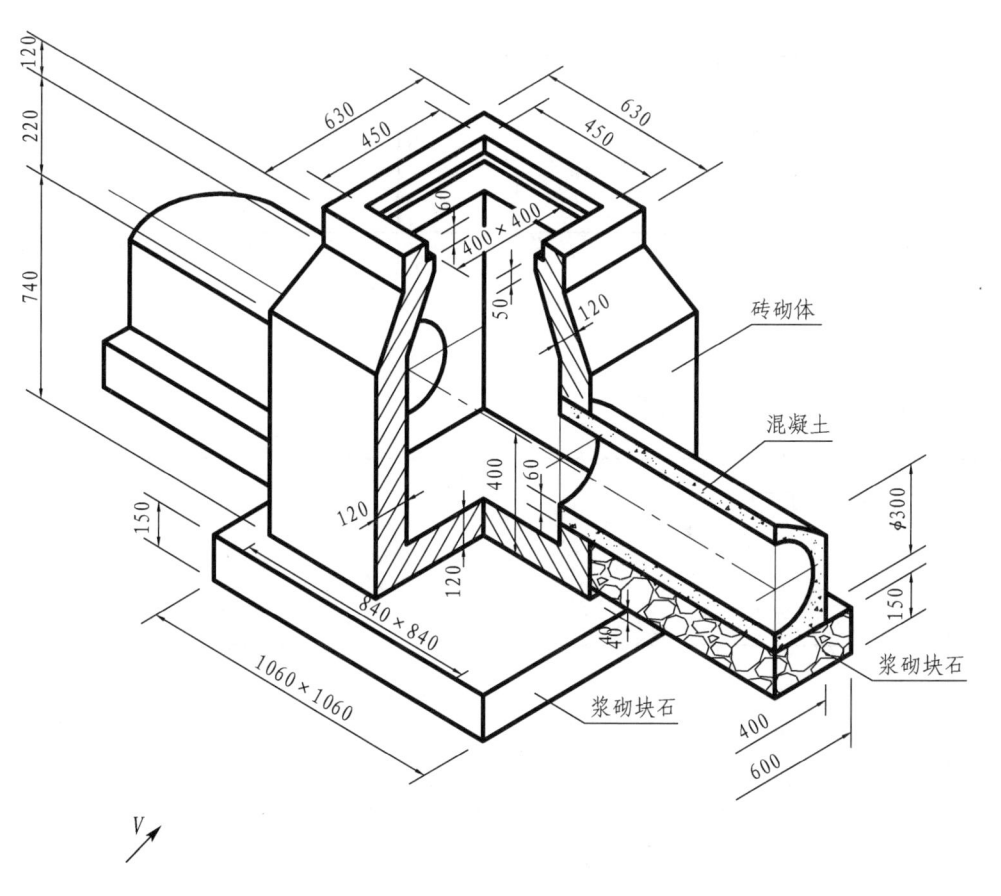

53

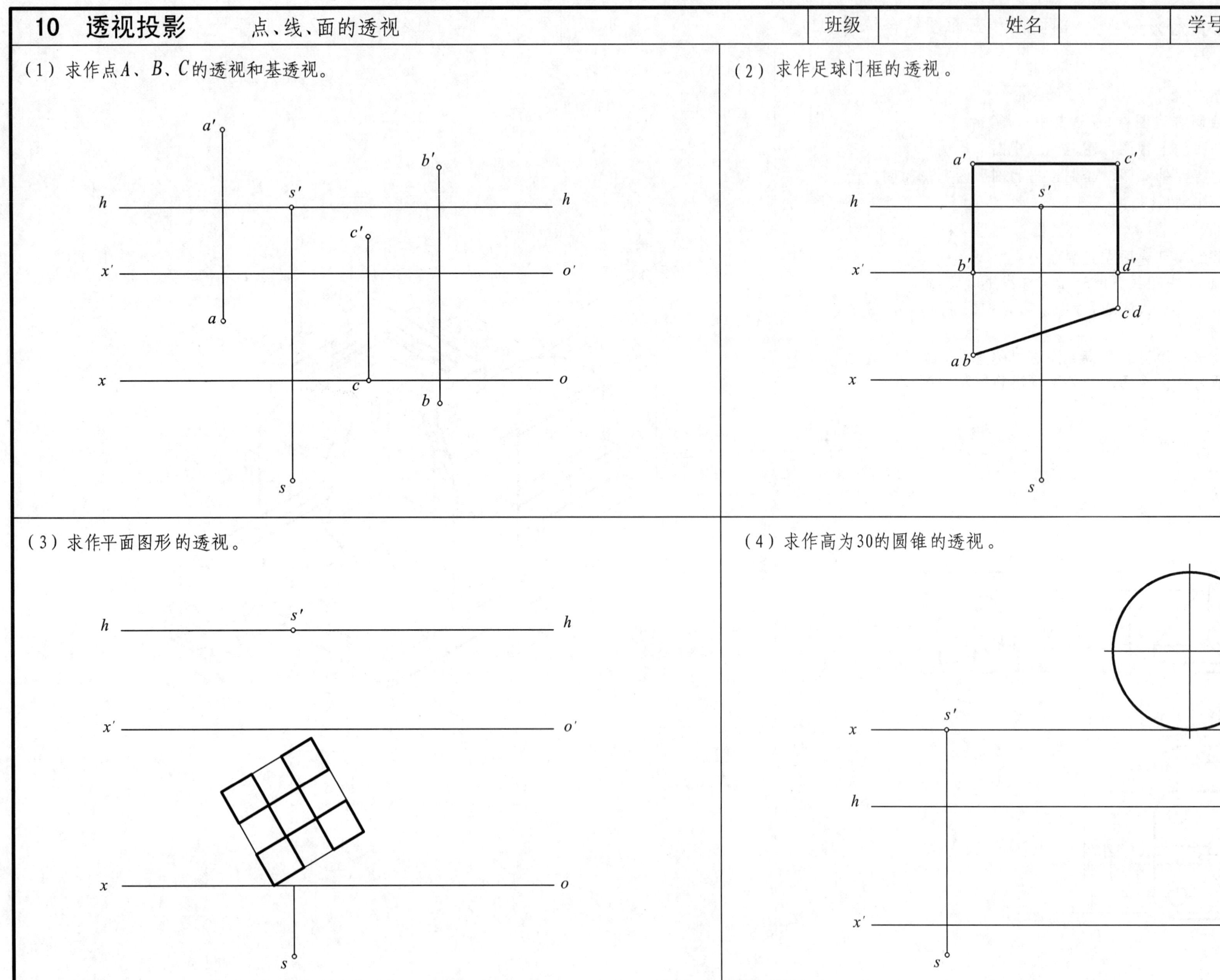

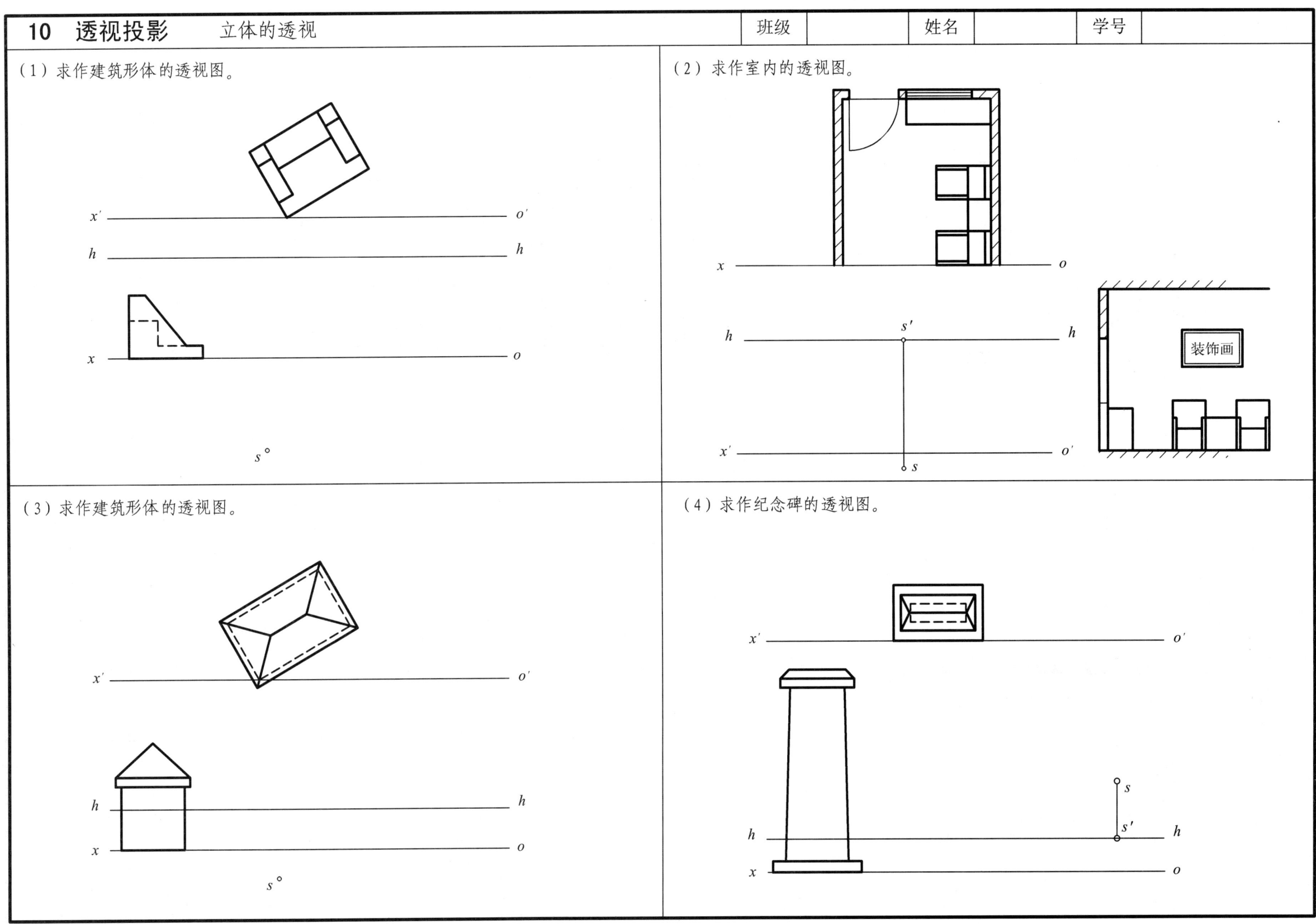

| 10 透视投影 | 建筑实例的透视 | 班级 | 姓名 | 学号 |

求作某建筑的两点透视图。

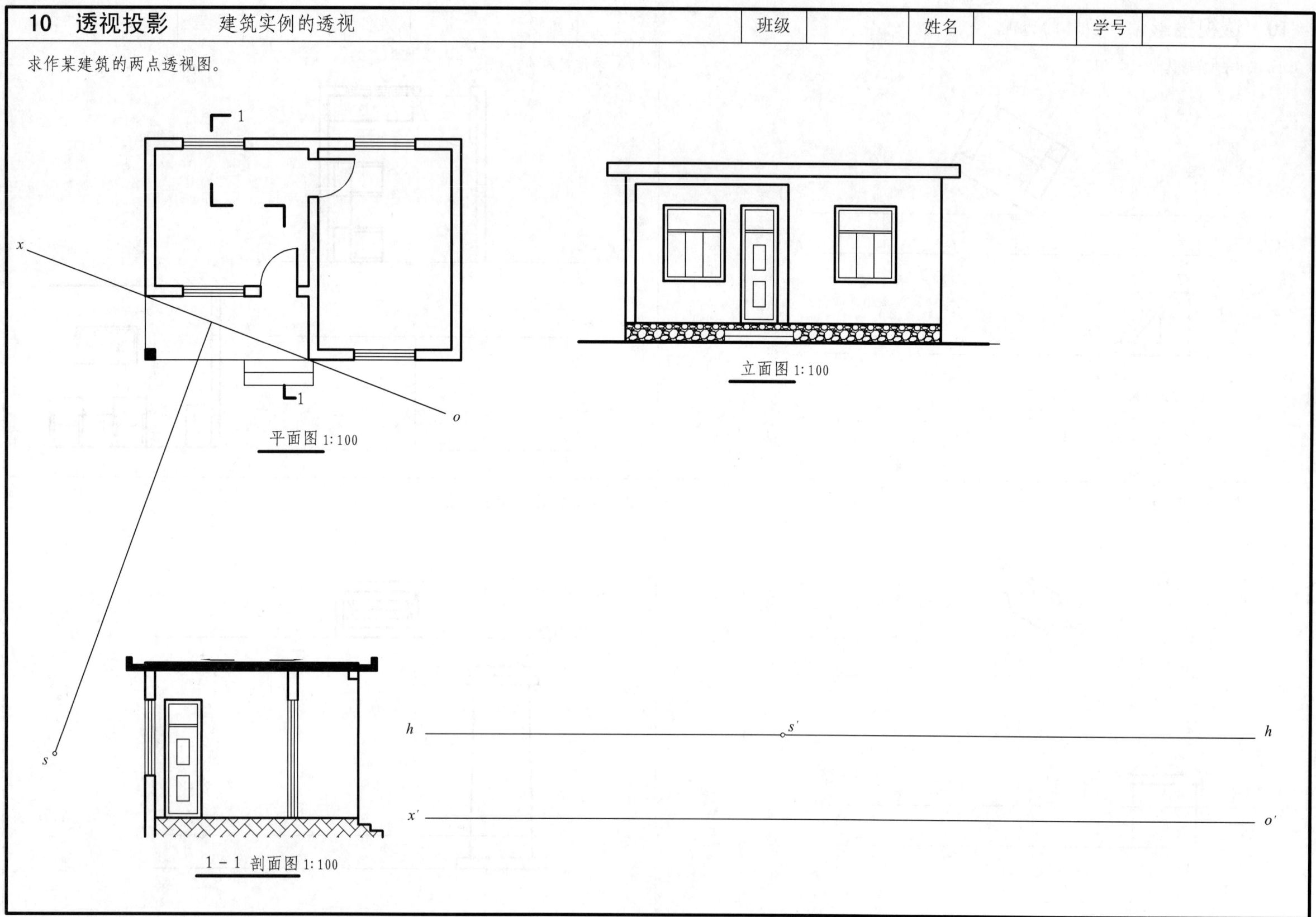

| 11 标高投影（一） | 班级 | 姓名 | 学号 |

(1) 求作直线AB的实长、倾角α，并计算其坡度。

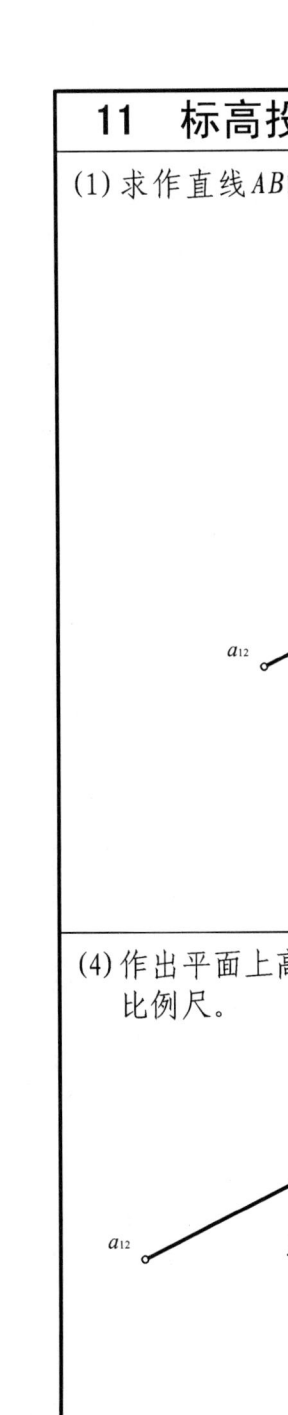

(2) 求直线上整数高程点的标高投影和坡度。

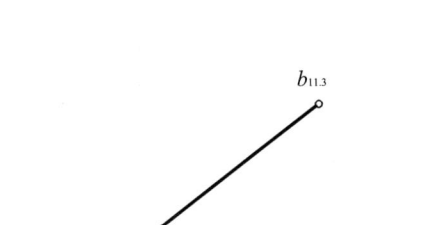

(3) 求平面△ABC的等高线、平面的坡度。

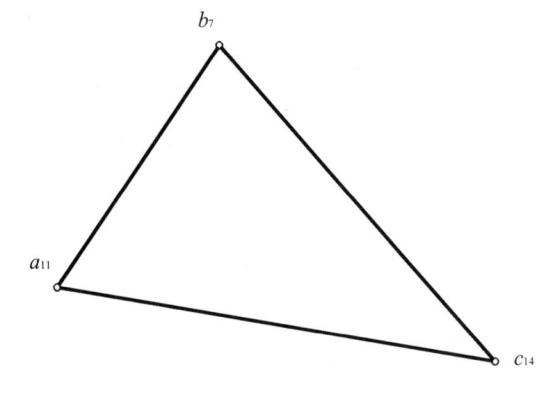

(4) 作出平面上高程为15、14、13、12的等高线和坡度比例尺。

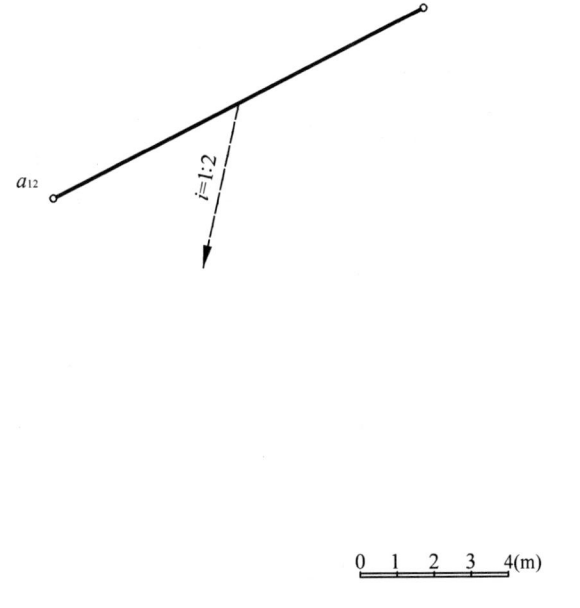

(5) 作两平面的交线。

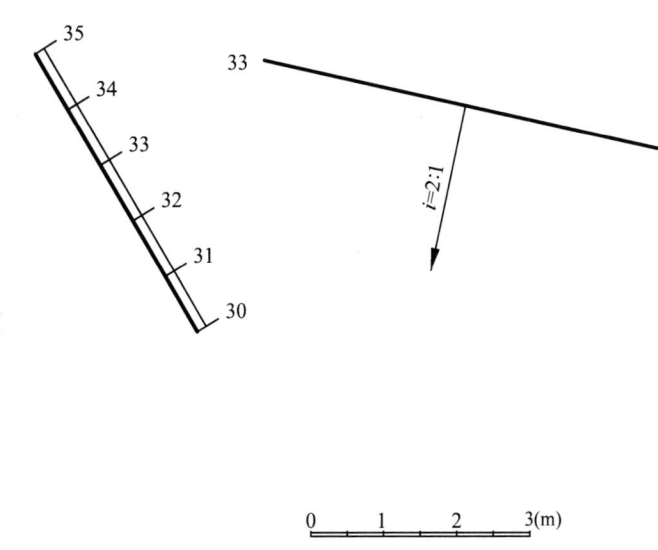

(6) 已知平台高程为20，地面高程为17，各坡面的坡度均为i=2/1，作坡面与坡面、坡面与地面之间的交线。

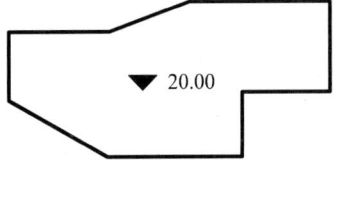
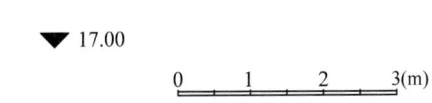

11 标高投影（二）

(1) 已知两堤相交，堤顶面、地面、各坡面坡度如图所示，试作两堤的标高投影图。

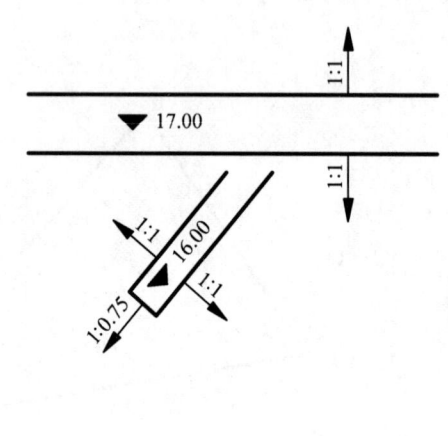

(2) 一斜坡引道与水平场地相交，已知地面标高为7 m，水平场地顶面标高为10 m，试画出它们的坡脚线和坡面交线。

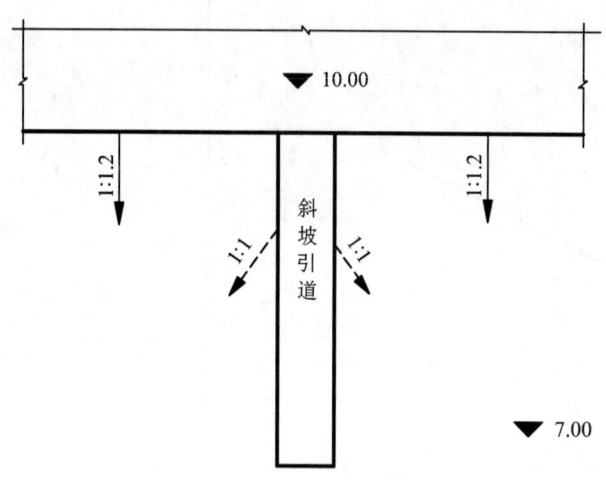

(3) 已知平台高程为21 m，地面高程为17 m，修筑一弯曲倾斜道路与平台连接，斜路位置和路面坡度已知，试作出坡脚线和坡面交线。

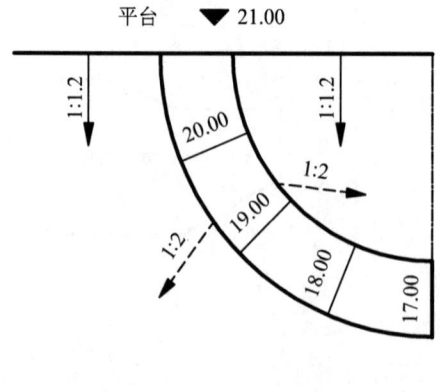

(4) 在土坝与河岸的相交处用圆锥面护坡，河底标高为 -3 m，土坝、河岸、圆锥台顶面标高和各坡面坡度如图所示，试作出它们的标高投影图。

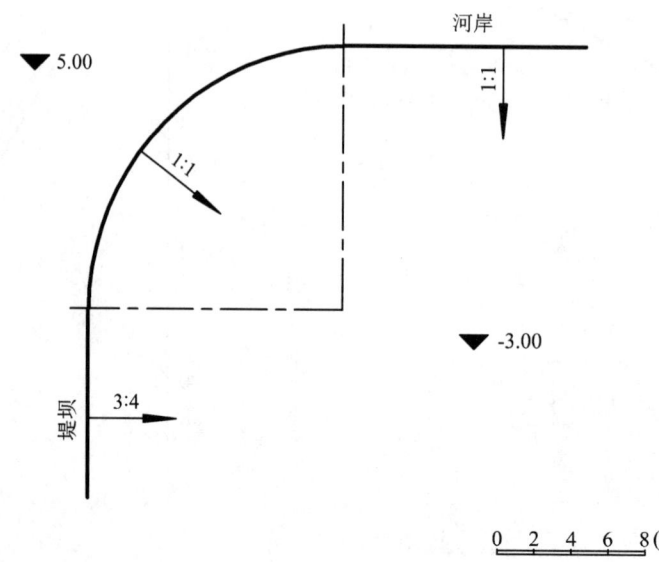

11 标高投影（三）

(1) 修建一条水平道路，两侧坡面填方坡度为 $i_1 = 1:3$，挖方坡度为 $i_2 = 1:2$，已知地形面和水平道路的标高投影，求填挖坡面的边界线。

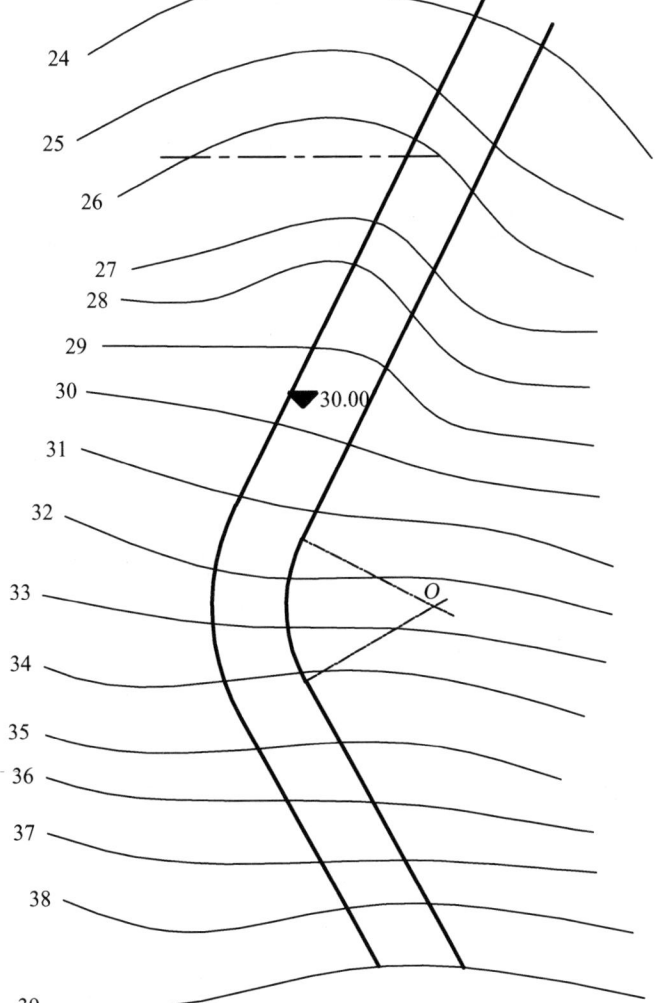

(2) 建一水平平台，平台高程为30，填、挖方坡度均为1:1，地形面的标高投影已知，求填挖方边界线和各坡面交线。

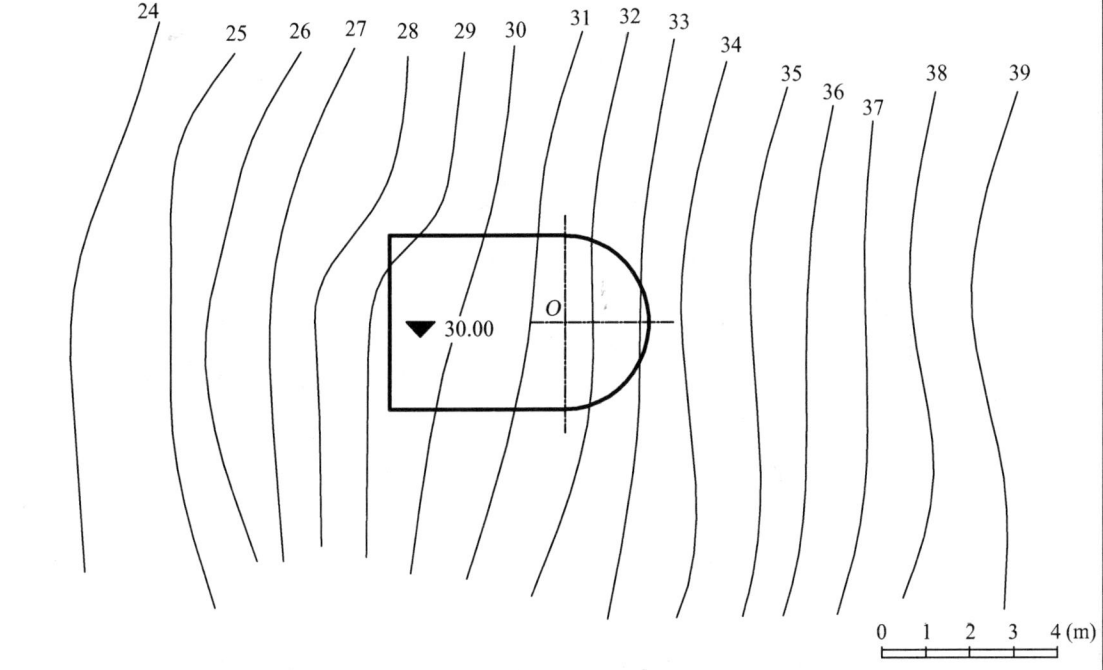

(3) 沿管道AB的位置画地形断面图，并将直线AB的地上部分画实线，地下部分画虚线。

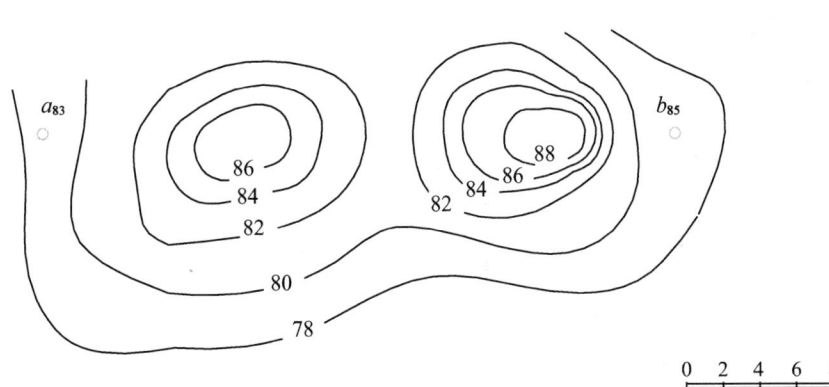

| 12 建筑施工图 | 建筑平面图作业指导书 | 班级 | 姓名 | 学号 |

作业一　建筑平面图

1) 目的

(1) 熟悉建筑平面图的内容和一般表达方式。

(2) 掌握建筑平面图的绘图步骤和方法。

2) 内容

熟悉教材第 12 章的内容后，抄绘附图：某公寓的一层平面图。

3) 要求

(1) 图纸：3 号白图纸、透明描图纸各一张。

(2) 图名：一层平面图。

(3) 比例：1∶100。

(4) 图线：剖切到的墙线宽 0.7 mm，未剖切到的可见轮廓线宽 0.5 mm，尺寸线、尺寸界限索引符号、标高符号等线宽 0.35 mm，定位轴线等线宽 0.18 mm。

(5) 字体：汉字为长仿宋体，图中汉字用 5 号字，图名用 7 号字。图中字母、尺寸数字、编号用 3.5 号字。

(6) 图面整洁，层次分明，字体工整，尺寸无误，作图准确。

4) 绘图步骤说明（详见教材第 12 章）

(1) 先画草图，草图在白图纸上用 H 铅笔（轻、细）绘制。

(2) 再上墨线，墨线图在透明描图纸上用针管笔绘制。上墨时注意，同一方向和同一种宽度的线尽可能一次完成。

(3) 最后注写文字、尺寸。

5) 附图

与作业相关的"建筑平面图"附图见后页，其中细部尺寸附图如下页所示。

12 建筑施工图

建筑平面图细部尺寸附图

楼梯间详图 1:50

门窗详图 1:50

12 建筑施工图   建筑平面图附图

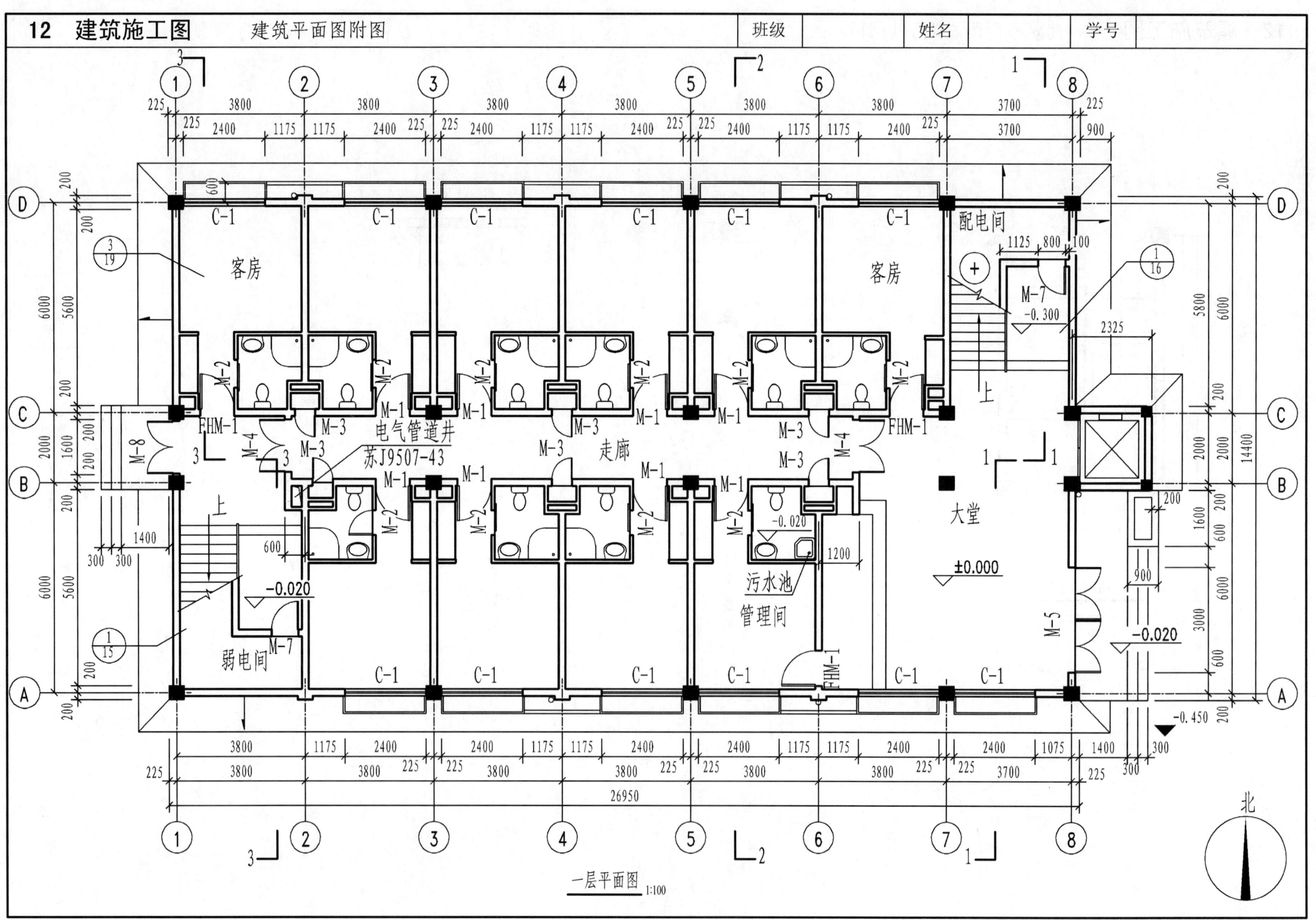

一层平面图 1:100

| 12 建筑施工图 | 建筑立面图作业指导书 | 班级 | 姓名 | 学号 |

作业二 建筑立面图

1) 目的

(1) 熟悉建筑立面图的内容和一般表达方式。

(2) 掌握建筑立面图的绘图步骤和方法。

2) 内容

熟悉教材第12章的内容后,抄绘附图:某公寓南立面图。

3) 要求

(1) 图纸:3号白图纸、透明描图纸各一张。

(2) 图名:南立面图。

(3) 比例:1∶100。

(4) 图线:外轮廓线画 0.7 mm,轮廓内的凸起部分如墙、雨篷、阳台、台阶线画 0.5 mm,说明引出线、标高符号线等画 0.35 mm,门窗分隔线、定位轴线等画 0.18 mm。室外地坪线画 1.0 mm。

(5) 字体:汉字为长仿宋字,图中文字用5号字,图名用7号字。图中字母、尺寸数字、编号用3.5号字。

(6) 图面整洁,层次分明,字体工整,尺寸无误,作图准确。

4) 绘图步骤说明(详见教材第12章)

(1) 先画草图,草图在白图纸上用 H 铅笔(轻、细)绘制。

(2) 再上墨线,墨线图在透明描图纸上用针管笔绘制。上墨时注意,同一方向和同一种宽度的线尽可能一次完成。

(3) 最后注写文字、尺寸。

5) 附图

与作业相关的"南立面图"附图见后页,其中细部尺寸如下页所示。

| 12 建筑施工图 | 建筑立面图细部尺寸附图 | 班级 | 姓名 | 学号 |

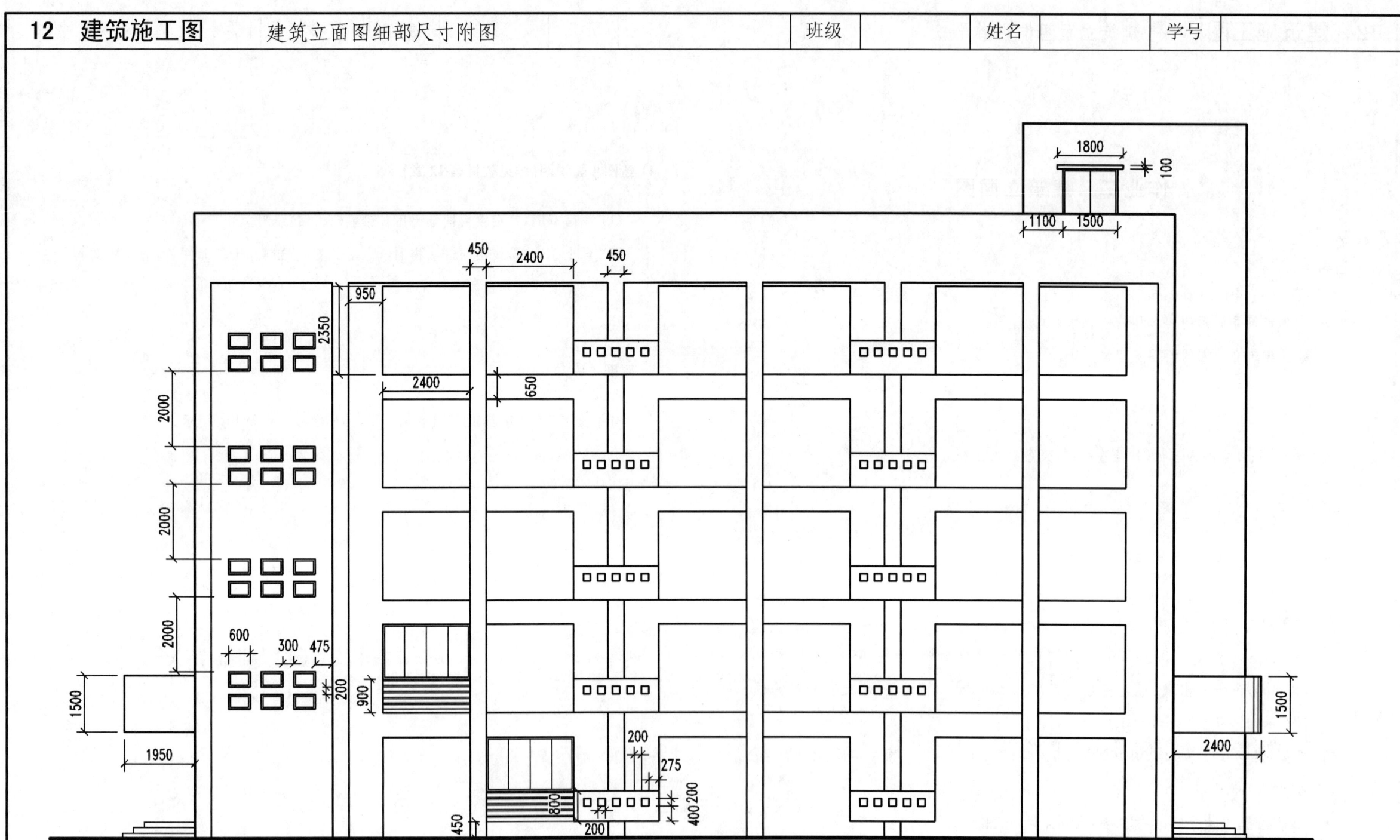

说明：图中窗框宽度一律采用50mm宽。等分的图形按总尺寸数等分量取。

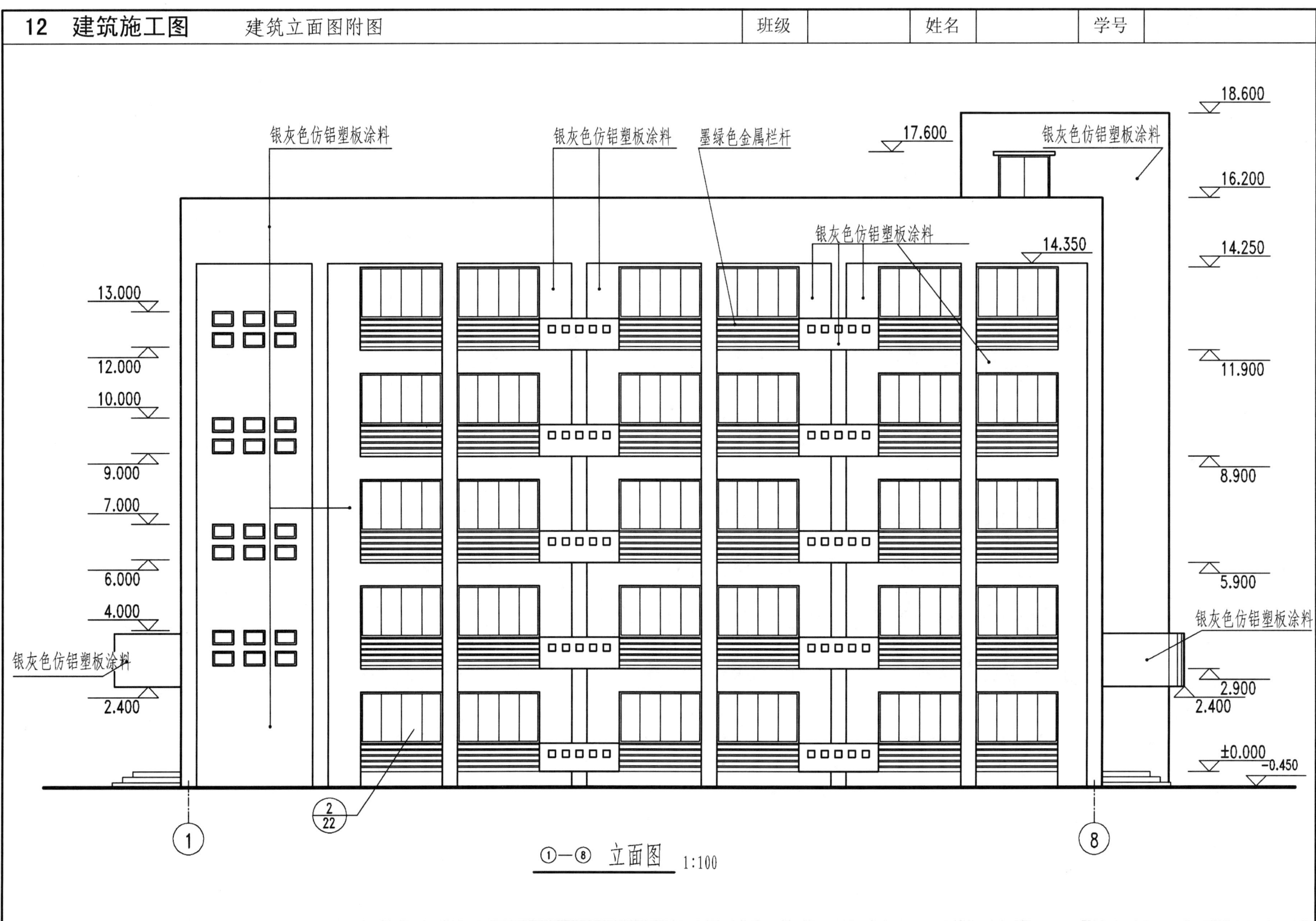

| 12 建筑施工图 | 建筑剖面图作业指导书 | 班级　　姓名　　学号 |

作业三　建筑剖面图

1) 目的

(1) 熟悉建筑剖面图的内容和一般表达方式。

(2) 掌握建筑剖面图的绘图步骤和方法。

2) 内容

熟悉教材第 12 章的内容后,抄绘附图:1-1 剖面图。

3) 要求

(1) 图纸:3 号白图纸、透明描图纸各一张。

(2) 图名:1-1 剖面。

(3) 比例:1:100。

(4) 图线:剖切到的墙线线宽 0.7 mm,钢筋混凝土构件涂黑,未剖切到的可见轮廓线线宽 0.5 mm,图例线、定位轴线线宽 0.18 mm。地面线线宽 1.00 mm。

(5) 字体:汉字为长仿宋字,图中汉字用 5 号字,图名用 7 号字。图中字母、尺寸数字、编号用 3.5 号字。

(6) 图面整洁,层次分明,字体工整,尺寸无误,作图准确。

4) 绘图步骤说明(详见教材第 12 章)

(1) 先画草图,草图在白图纸上用 H 铅笔(轻、细)绘制。

(2) 再上墨线,墨线图在透明描图纸上用针管笔绘制。上墨时注意,同一方向和同一种宽度的线尽可能一次完成。

(3) 最后注写文字、尺寸。

5) 附图

与作业相关的"1-1 剖面图"附图见后页,其中细部尺寸如下页所示。

| 12 建筑施工图 | 建筑剖面图细部尺寸附图 | 班级 | 姓名 | 学号 |

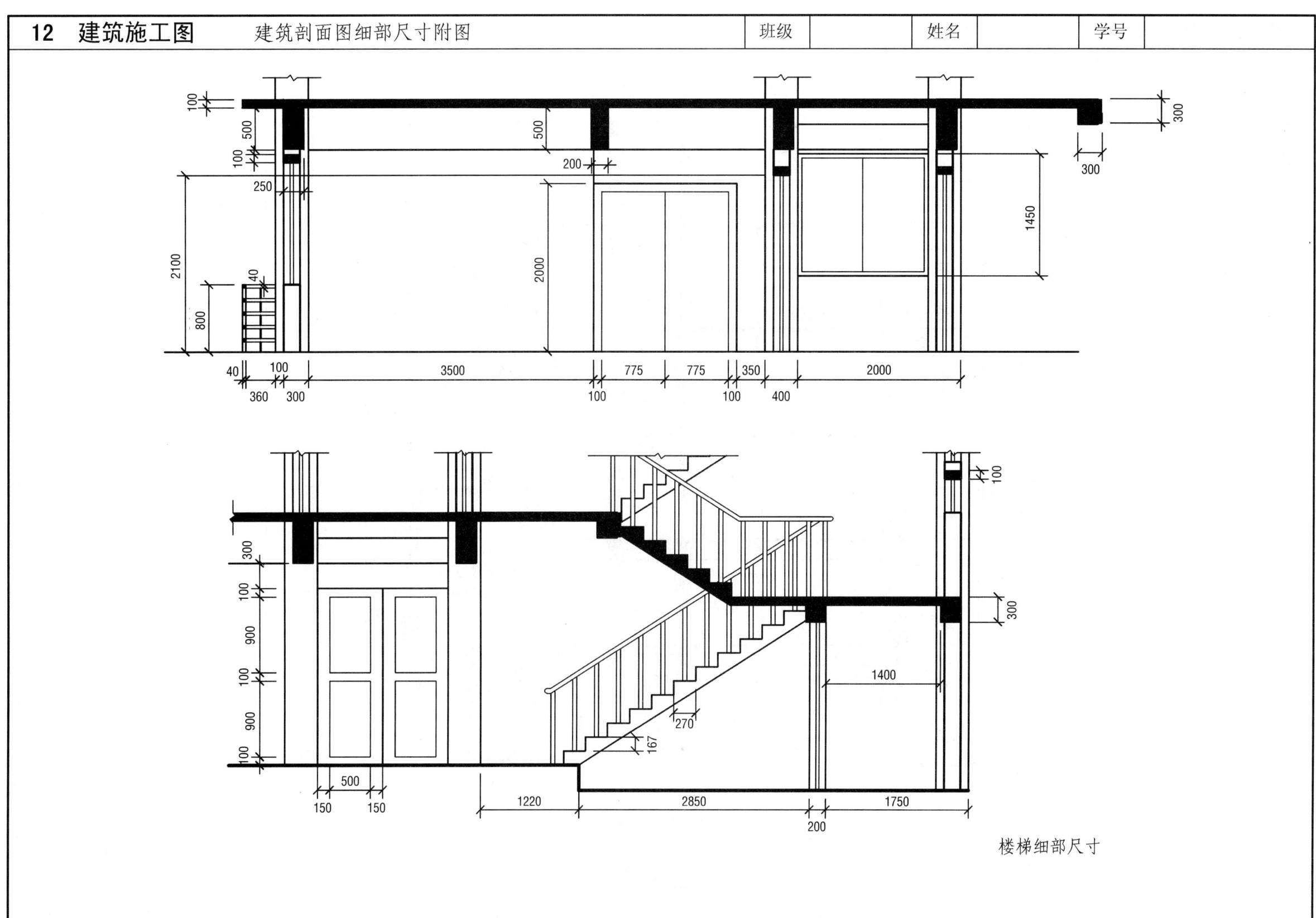

楼梯细部尺寸

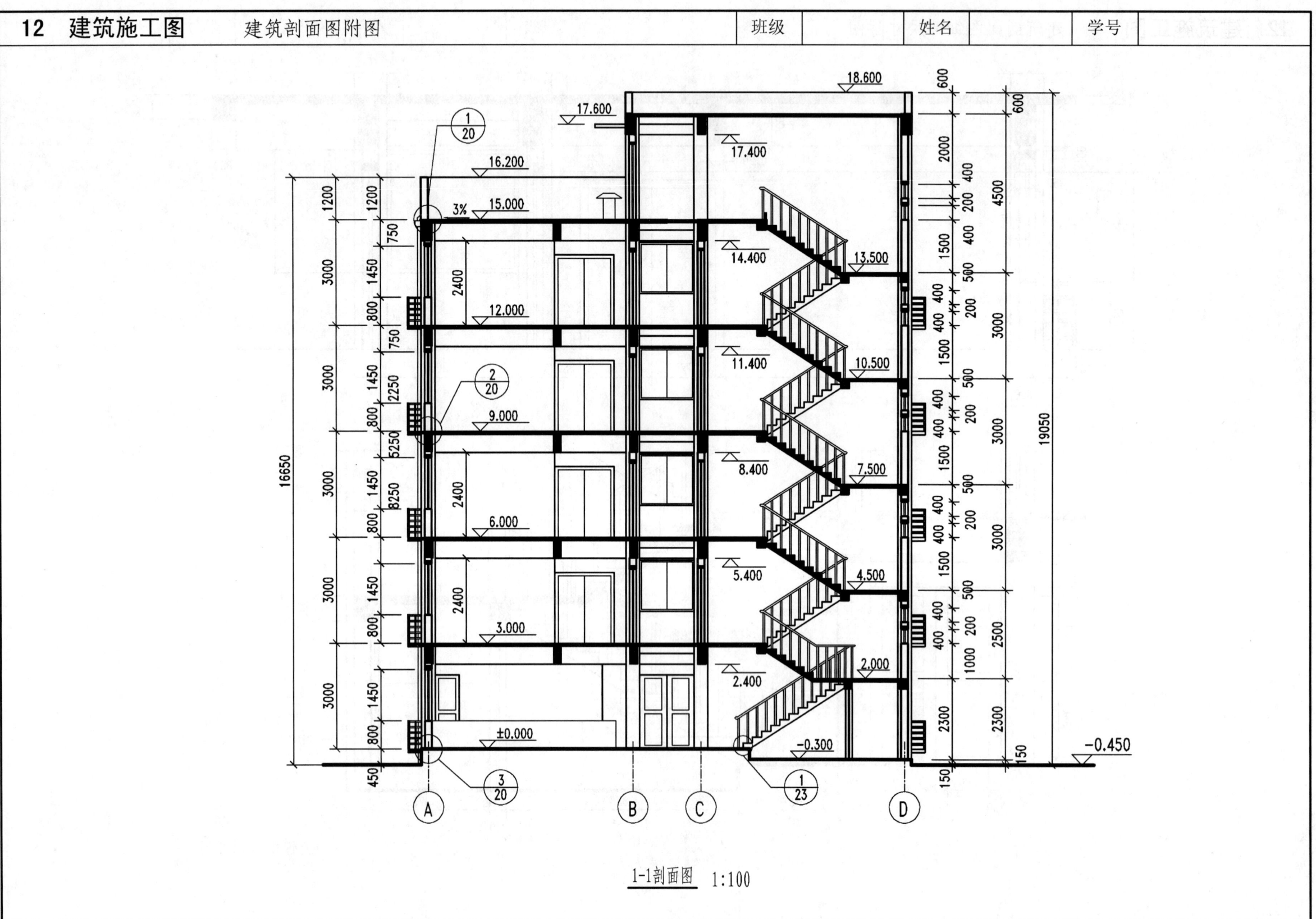

12	建筑施工图	建筑详图作业指导书	班级		姓名		学号	

作业四　建筑详图

1) 目的

（1）熟悉建筑详图的内容和一般表达方式。

（2）掌握建筑详图的绘图步骤和方法。

2) 内容

熟悉教材第12章的内容后，抄绘附图：外墙节点详图。

3) 要求

（1）图纸：3号白图纸、透明描图纸各一张。

（2）图名：外墙节点详图。

（3）比例：1∶10。

（4）图线：剖切到的墙线线宽0.7 mm，未剖切到的轮廓线线宽0.5 mm，尺寸线、材料做法引出线、粉刷线等线宽0.35 mm，钢筋混凝土构件和砖墙填画材料图例，材料图例、定位轴线等线宽0.18 mm。

（5）字体：汉字为长仿宋字，图中汉字用5号字，图中字母、尺寸数字、编号用3.5号字。详图标志中字体采用5号字。

（6）图面整洁，层次分明，字体工整，内容正确。

4) 附图

与作业相关的"外墙节点详图"附图见下页。

5) 图中未尽尺寸可从图中按比例量取

| 12 | 建筑施工图 | 建筑详图附图 | 班级 | 姓名 | 学号 |

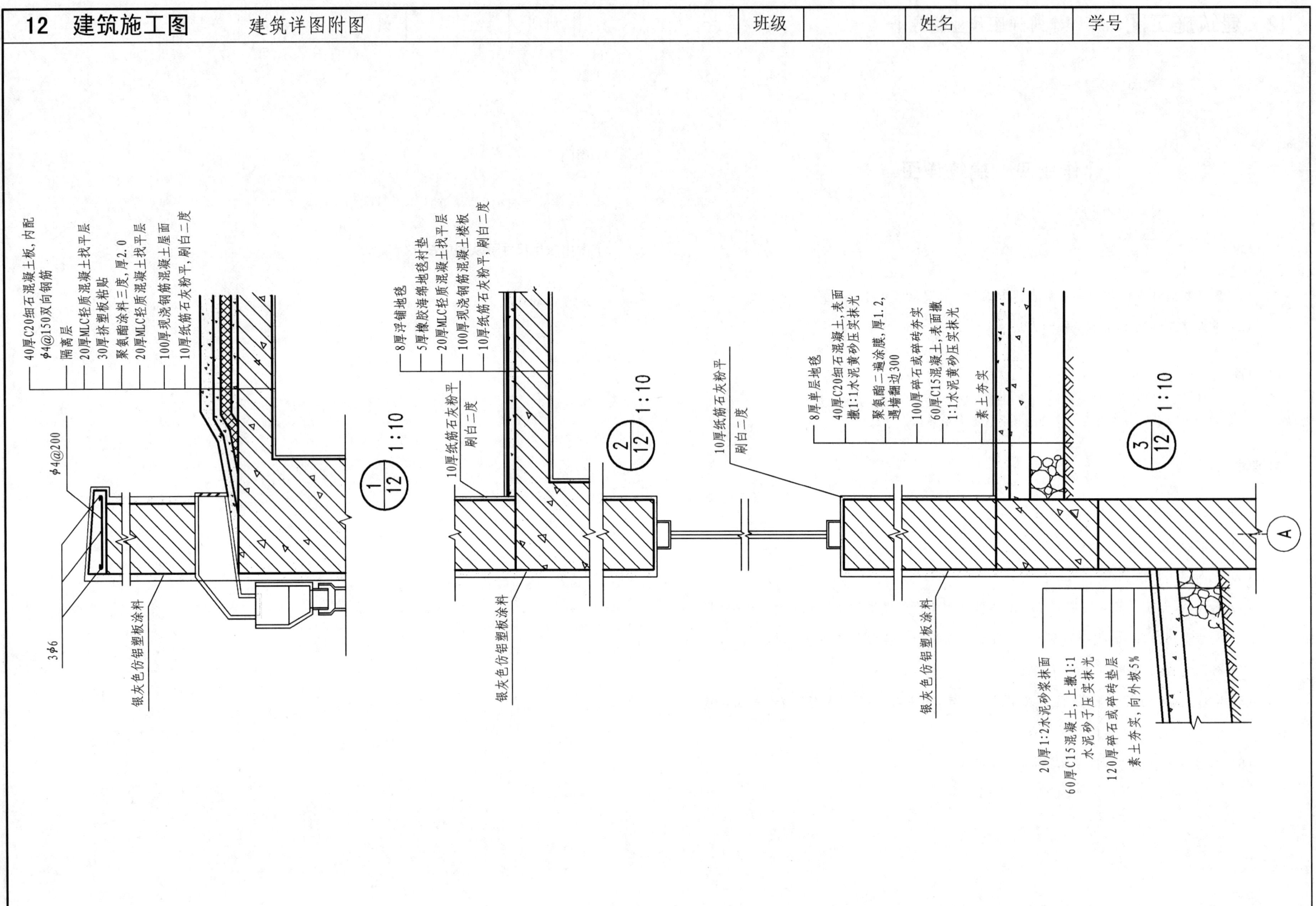

13 结构施工图 (一)

图(a)为某框架梁KL1平法施工图,图(b)为该梁配筋立面图,另:中部受扭钢筋编号为⑦,并由⑧号钢筋φ8@400固定,试根据图(a)、图(b)以及所给信息完成配筋断面图(c)(1-1断面)、(d)(2-2断面)的绘制。要求:①图线线型、线宽以及字号选择合理;②断面信息体现全面;包括:梁截面高度和宽度、钢筋位置、钢筋数量、钢筋等级符号、钢筋编号等;③图幅中合理安排各信息位置。

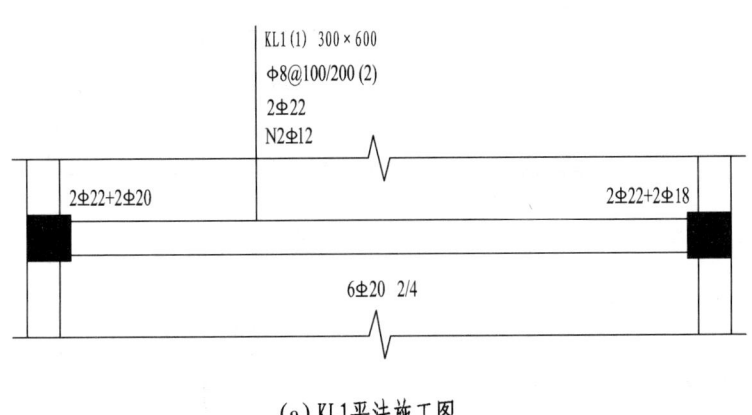

(a) KL1平法施工图

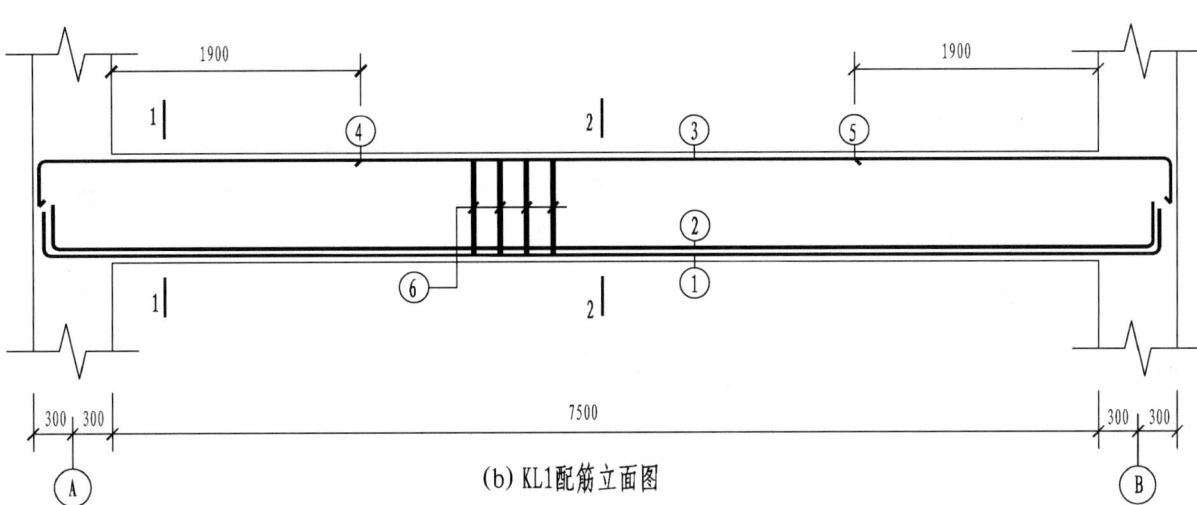

(b) KL1配筋立面图

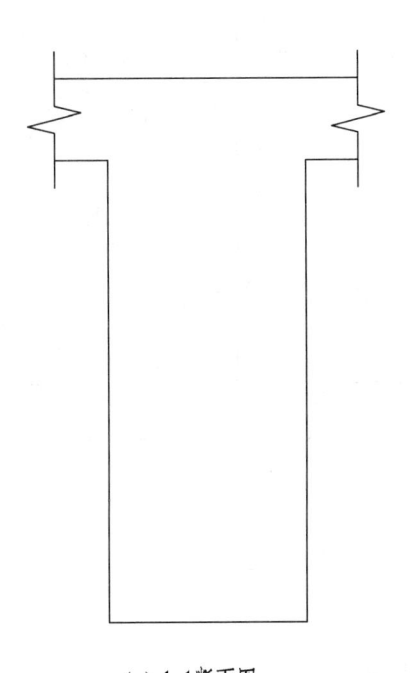

(c) 1-1断面图

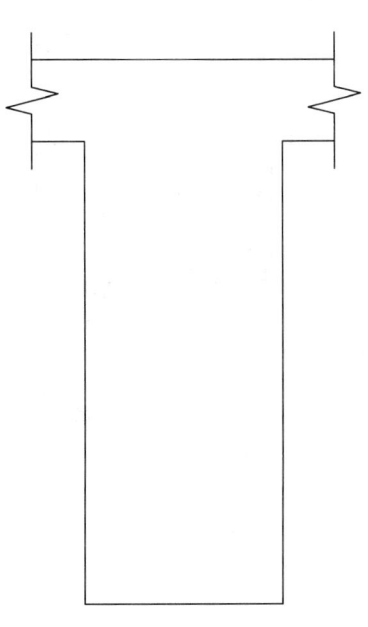

(d) 2-2断面图

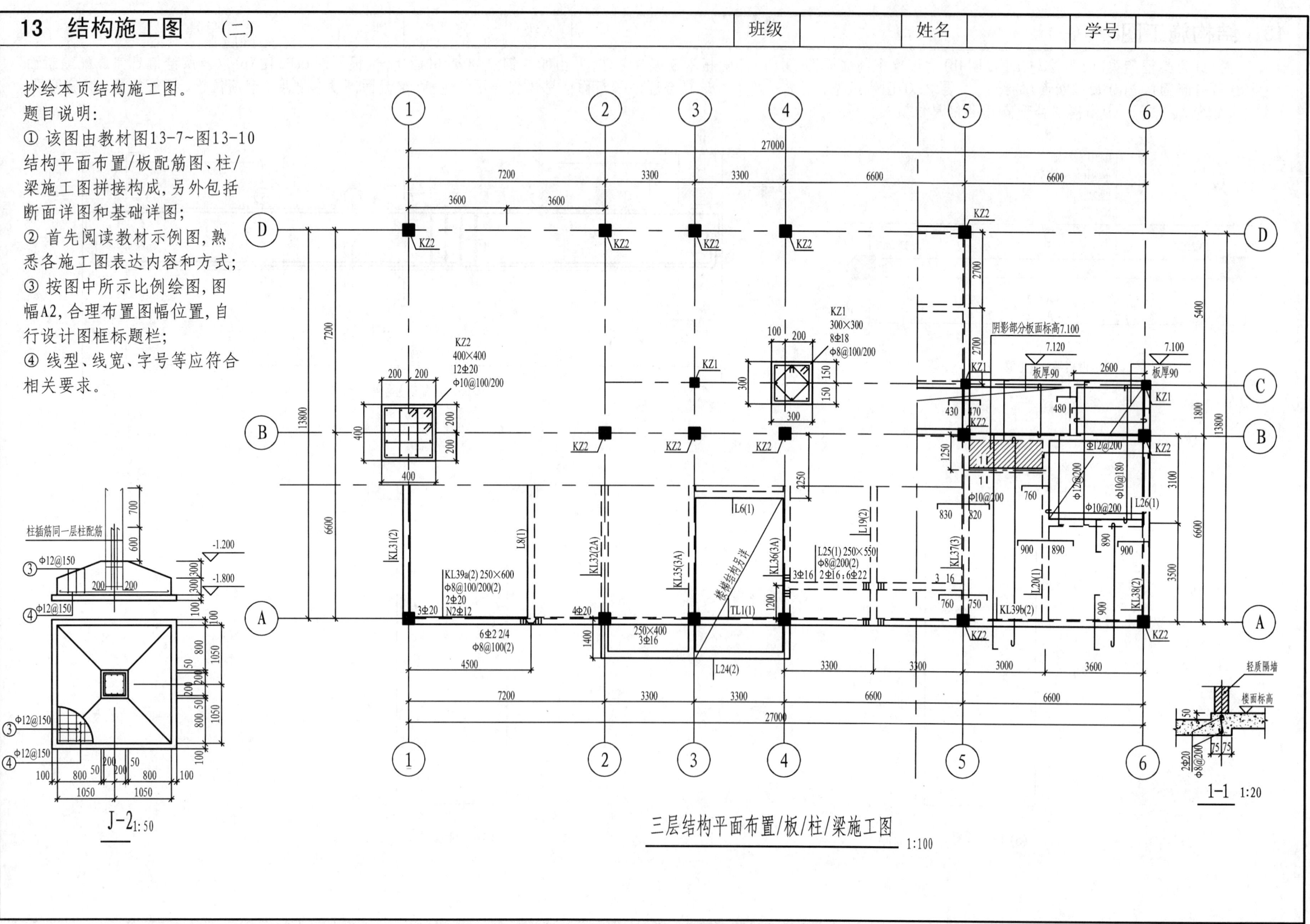

| 14 给排水施工图 | 给水排水工程基础知识 | 班级 | 姓名 | 学号 |

自学教材第14章,并完成以下习题

(1) 给水排水工程是现代城市建设的重要基础设施,它是由＿＿＿＿＿＿和＿＿＿＿＿＿两部分组成。＿＿＿＿＿＿是为居民生活或工业生产提供合格用水工程,＿＿＿＿＿＿则是将居民生活或工业生产中产生的污、废水收集和排放出去的工程。它可以分为＿＿＿＿＿＿和＿＿＿＿＿＿。

(2) 室外给水工程是指向民用和工业生产部门提供用水而建造的工程设施。一般包括＿＿＿＿＿＿及净水输送。

(3) 室内给水工程是从室外给水管网引水,供室内各种用水设施用水的工程,按用途可分为四类:生活给水系统、＿＿＿＿＿＿、＿＿＿＿＿＿、＿＿＿＿＿＿。

(4) 室内排水工程是将建筑物内部的＿＿＿＿＿＿排水室外管网的工程,按所排水性质的不同分为生活污水管道、＿＿＿＿＿＿。生活污水不得与＿＿＿＿＿＿合流,冷却系统排水可以排入＿＿＿＿＿＿。生活污水有时又分为＿＿＿＿＿＿(粪便水)和＿＿＿＿＿＿(洗涤池、淋浴用水)。室内排水工程一般包括＿＿＿＿＿＿。

(5) 室外排水流程为窨井→＿＿＿＿＿＿→＿＿＿＿＿＿→＿＿＿＿＿＿→污水排放口。

(6) 为了使管道与配件能够互相连接,其连接处的口径应保持一致。口径大小现在常用＿＿＿＿＿＿表示。也就是管道与配件的通用口径。一般阀门与铸铁管的公称直径等于＿＿＿＿＿＿,但钢管的公称直径与它的内、外径＿＿＿＿＿＿。

(7) 室内给水排水施工图是建筑给水排水图中最基本的图样之一,一般包括＿＿＿＿＿＿安装和构造详图。

(8) 给水施工平面图的形成是在本层＿＿＿＿＿＿用一水平面剖切的结果。

(9) 根据配套教材中的房屋给水排水施工图,绘制厕所的给水排水管道平面图和系统图。

| 14 给排水施工图 | 给排水平面图作业指导书 | 班级 | 姓名 | 学号 |

作业一 给排水平面图

1) 目的

(1) 学习房屋给排水平面图的表达内容和画法特点。

(2) 掌握绘制给排水平面图的方法和步骤。

2) 内容

根据附图,抄绘室内给排水平面图。

3) 要求

(1) 图纸:A3 绘图纸。

(2) 图名:二层给排水平面图。

(3) 比例:1∶100。

(4) 图线:用墨线或铅笔线绘制。粗线宽为 0.7 mm,中粗线宽为 0.35 mm,细线宽为 0.18 mm。给水管用粗线,排水管用粗虚线,房屋构件和卫生器具的轮廓线用中粗线或细线,其余用细线。

(5) 字体:图中的尺寸数字采用 3.5 号字,图名用 7 号字,其余采用 5 号字。

4) 绘图步骤说明

(1) 先画草图,草图在白图纸上用 H 铅笔(轻、细)绘制。

(2) 再上墨线,墨线图在透明描图纸上用针管笔绘制。上墨时注意,同一方向和同种宽度的线尽可能一次完成。

(3) 最后注写文字、尺寸。

5) 附图

给排水平面图如附图所示。

14 给排水施工图　给排水平面图附图

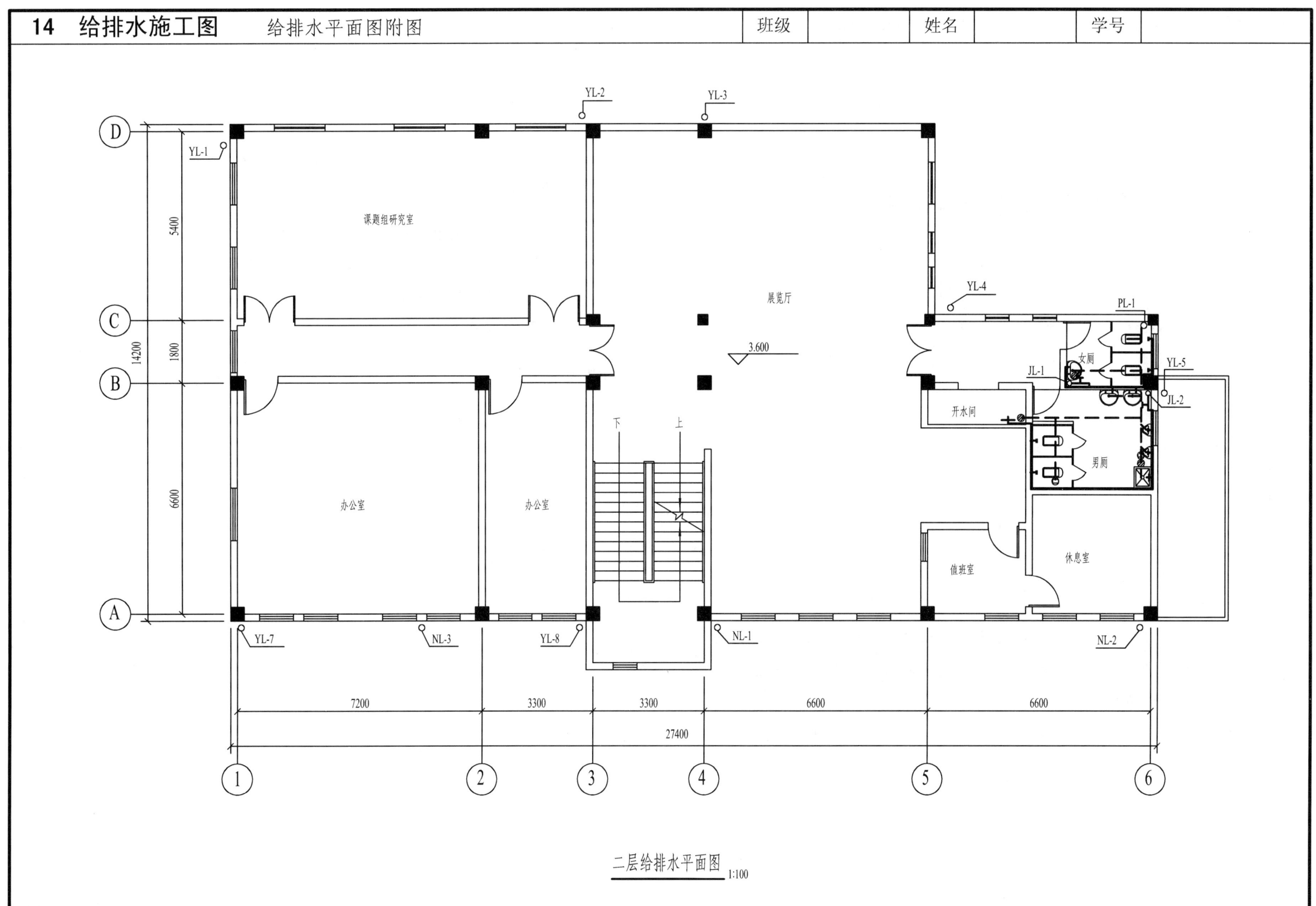

二层给排水平面图　1:100

| 14 给排水施工图 | 给排水系统原理图作业指导书 | 班级 | 姓名 | 学号 |

作业二　给排水系统原理图

1) 目的

(1) 学习房屋给排水系统图的表达内容和画法特点。

(2) 掌握绘制给排水系统图的方法和步骤。

2) 内容

根据附图，抄绘室内给排水系统原理图。

3) 要求

(1) 图纸：A3 绘图纸。

(2) 图名：给排水系统原理图。

(3) 比例：1∶100。

(4) 图线：用墨线或铅笔线绘制。粗线宽为 0.7 mm，中粗线宽为 0.35 mm，细线宽为 0.18 mm。给水管用粗线，排水管用粗虚线，房屋构件和卫生器具的轮廓线用中粗或细线，其余用细线。

(5) 字体：图中的尺寸数字采用 3.5 号字，图名用 7 号字，其余采用 5 号字。

4) 绘图步骤说明

(1) 先画草图，草图在白图纸上用 H 铅笔（轻、细）绘制。

(2) 再上墨线，墨线图在透明描图纸上用针管笔绘制。上墨时注意，同一方向和同种宽度的线尽可能一次完成。

(3) 最后注写文字、尺寸。

5) 附图

给排水系统原理图如附图所示。

| 14 给排水施工图 | 给水系统原理图附图 | 班级 | 姓名 | 学号 |

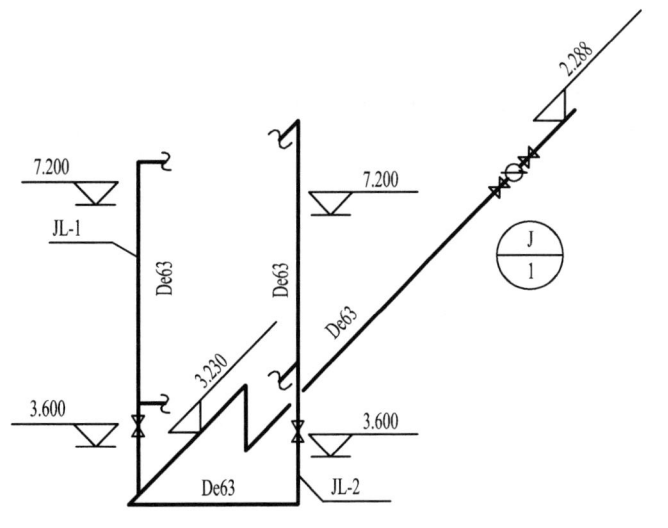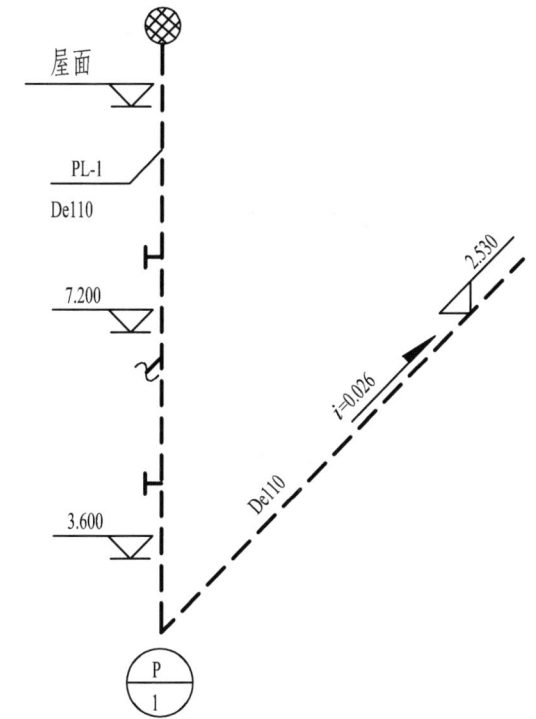

给排水系统原理图

注：排水支管见厕所排水系统大样图
　　给水支管见厕所给水系统大样图

15 建筑电气施工图　　基础知识

自学教材第15章，并完成以下习题

(1) 根据房屋建筑对电气的安装要求，对应的有各种各样的电气施工图。一般的房屋满足照明和电源插座的要求有　　　　　　　施工图；满足控制设备及动力设备的要求有　　　　　　　。

(2) 绘制下列设备的图例。

照明配电箱　　　　　　　电度表

双管荧光灯　　　　　　　吸顶灯

二级翘板开关　　　　　　延时开关

拉线开关　　　　　　　　三相带接地暗插座

疏散方向指示灯　　　　　吊扇

向上配线

(3) 说明下列线路敷设代号的含义。

AC：　　　　　　　WE：

CE：　　　　　　　CC：

FC：　　　　　　　WC：

SR：　　　　　　　BE：

ACE：　　　　　　CLE：

BC：　　　　　　　CLC：

(4) 说明下列线路敷设方式代号的含义。

K：　　　　PCL：　　　　TC：

PVC：　　　CT：　　　　 PR：

PL：　　　 SC：　　　　 SR：

(5) 说明下列导线型号的含义。

BV：　　　　BLV：　　　 BVV：

BLVV：　　　BXF：　　　 BXHF：

(6) 说明下列灯具安装代号的含义。

S：　　　　 R：　　　　　CH：

P：　　　　 W：　　　　　CR：

15 建筑电气施工图	建筑电气施工图作业指导书	班级		姓名		学号	

作业一　配电平面图

1) 目的

(1) 学习建筑电气施工图的表达内容和画法特点。

(2) 掌握绘制配电平面图的方法和步骤。

2) 内容

根据附图,抄绘配电平面图。

3) 要求

(1) 图纸:3号图纸。

(2) 图名:一层配电平面图。

(3) 比例:依图示 1∶100 和 1∶50。

(4) 图线:用墨线或铅笔线绘制。粗线宽为 0.7 mm,中粗线宽为 0.35 mm,细线宽为 0.18 mm。导线用粗线,房屋平面和方框线用中粗线或细线,其余均为细线。

(5) 字体:图中的尺寸数字采用 3.5 号字,图名用 7 号字,其余采用 5 号字。

4) 附图

配电平面图如附图所示。

作业二　配电系统图

1) 目的

(1) 学习建筑电气施工图的表达内容和画法特点。

(2) 掌握绘制配电系统图的方法和步骤。

2) 内容

根据附图,抄绘配电系统图。

3) 要求

(1) 图纸:3号图纸。

(2) 图名:配电箱 1AL 配电系统图。

(3) 比例:1∶100。

(4) 图线:用墨线或铅笔线绘制。粗线宽为 0.7 mm,中粗线宽为 0.35 mm,细线宽为 0.18 mm。导线用粗线,房屋平面和方框线用中粗线或细线,其余均为细线。

(5) 字体:图中的尺寸数字采用 3.5 号字,图名用 7 号字,其余采用 5 号字。

4) 附图

配电系统图如附图所示。

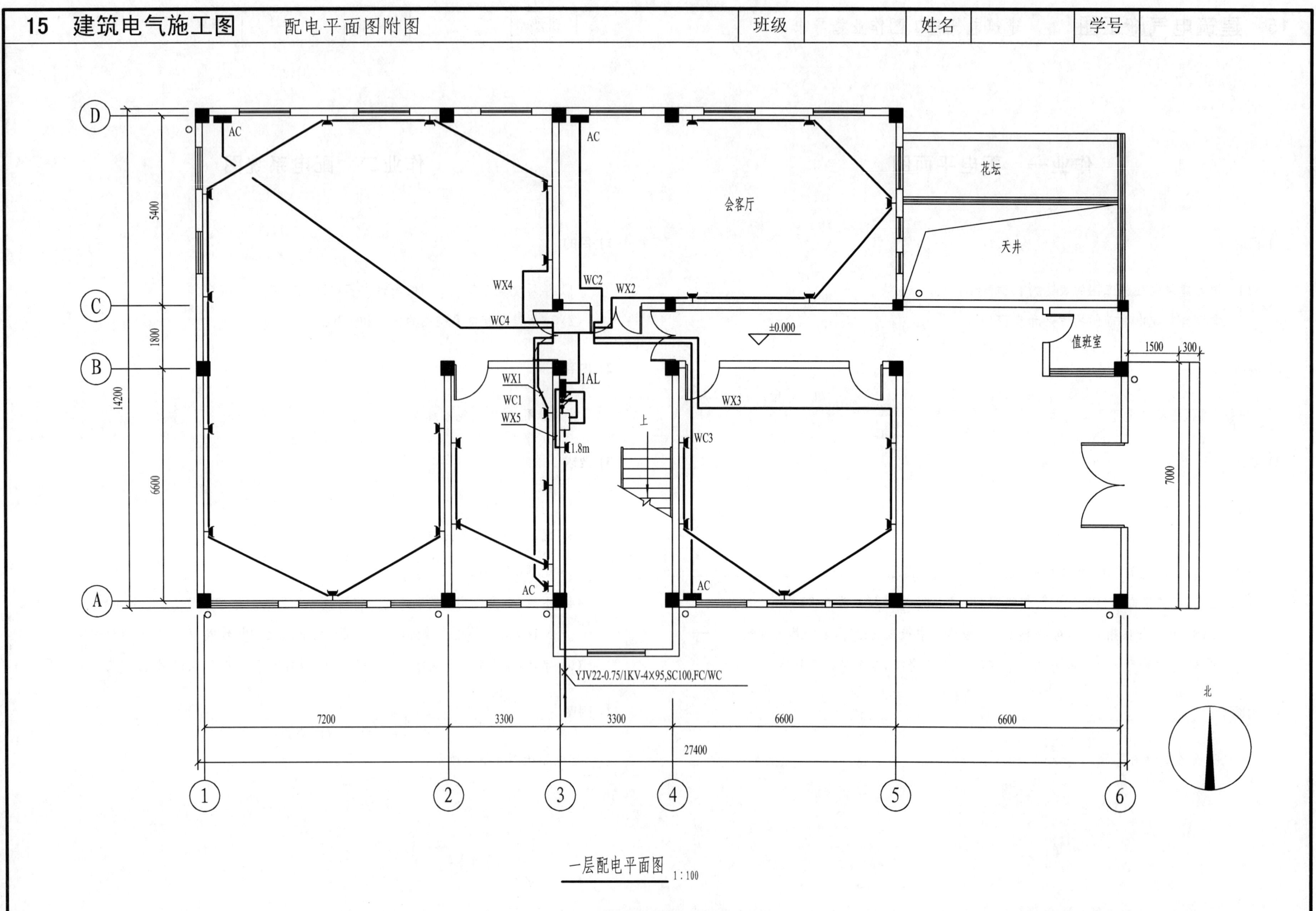

15 建筑电气施工图　　配电系统图附图

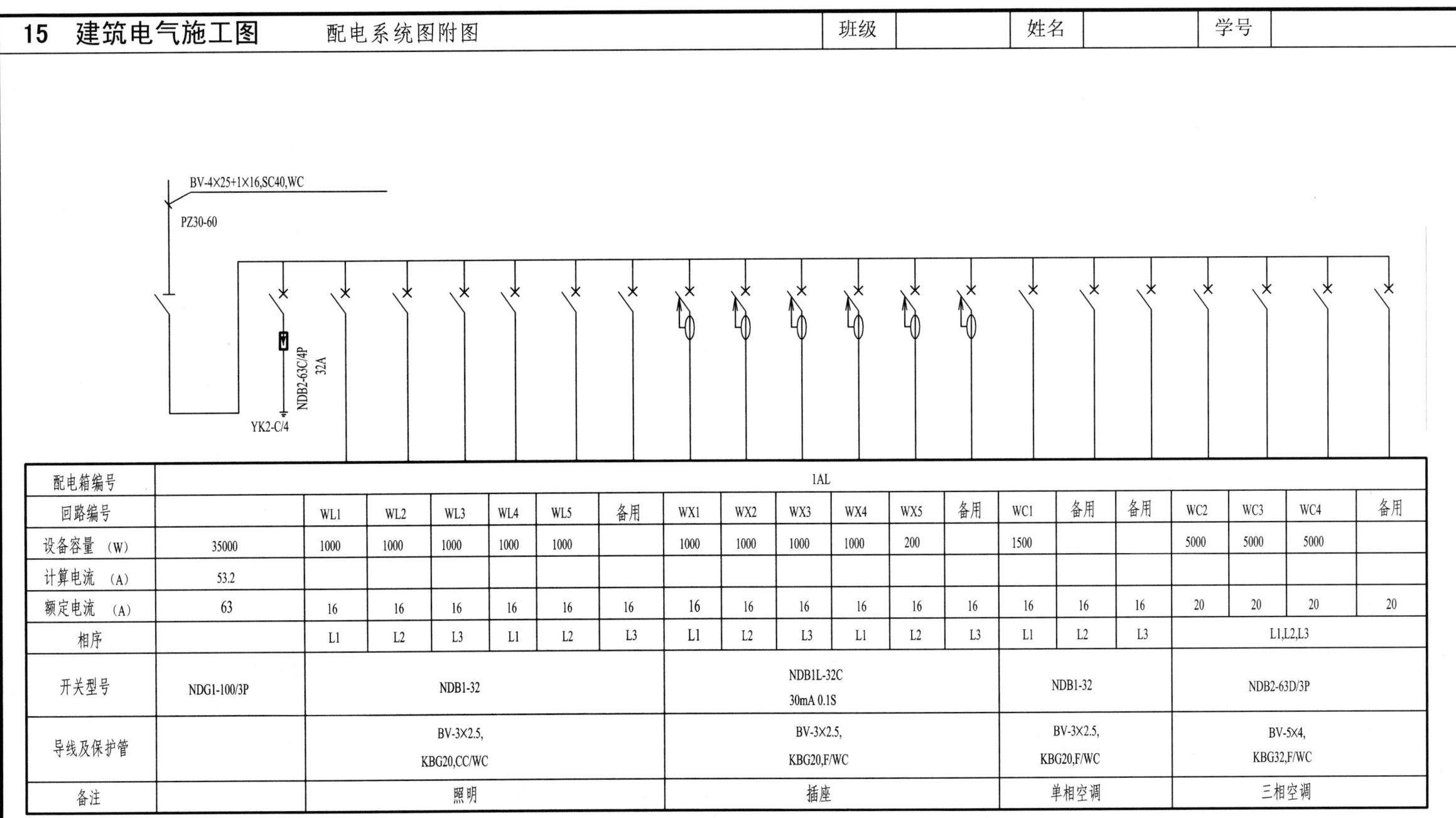

配电箱编号		1AL																	
回路编号		WL1	WL2	WL3	WL4	WL5	备用	WX1	WX2	WX3	WX4	WX5	备用	WC1	备用	备用	WC2	WC3	WC4	备用
设备容量（W）	35000	1000	1000	1000	1000	1000		1000	1000	1000	1000	200		1500			5000	5000	5000	
计算电流（A）	53.2																			
额定电流（A）	63	16	16	16	16	16	16	16	16	16	16	16	16	16	16	16	20	20	20	20
相序		L1	L2	L3	L1	L2	L3	L1	L2	L3	L1	L2	L3	L1	L2	L3	L1,L2,L3			
开关型号	NDG1-100/3P	NDB1-32						NDB1L-32C 30mA 0.1S						NDB1-32			NDB2-63D/3P			
导线及保护管		BV-3×2.5, KBG20,CC/WC						BV-3×2.5, KBG20,F/WC						BV-3×2.5, KBG20,F/WC			BV-5×4, KBG32,F/WC			
备注		照明						插座						单相空调			三相空调			

配电箱1AL配电系统

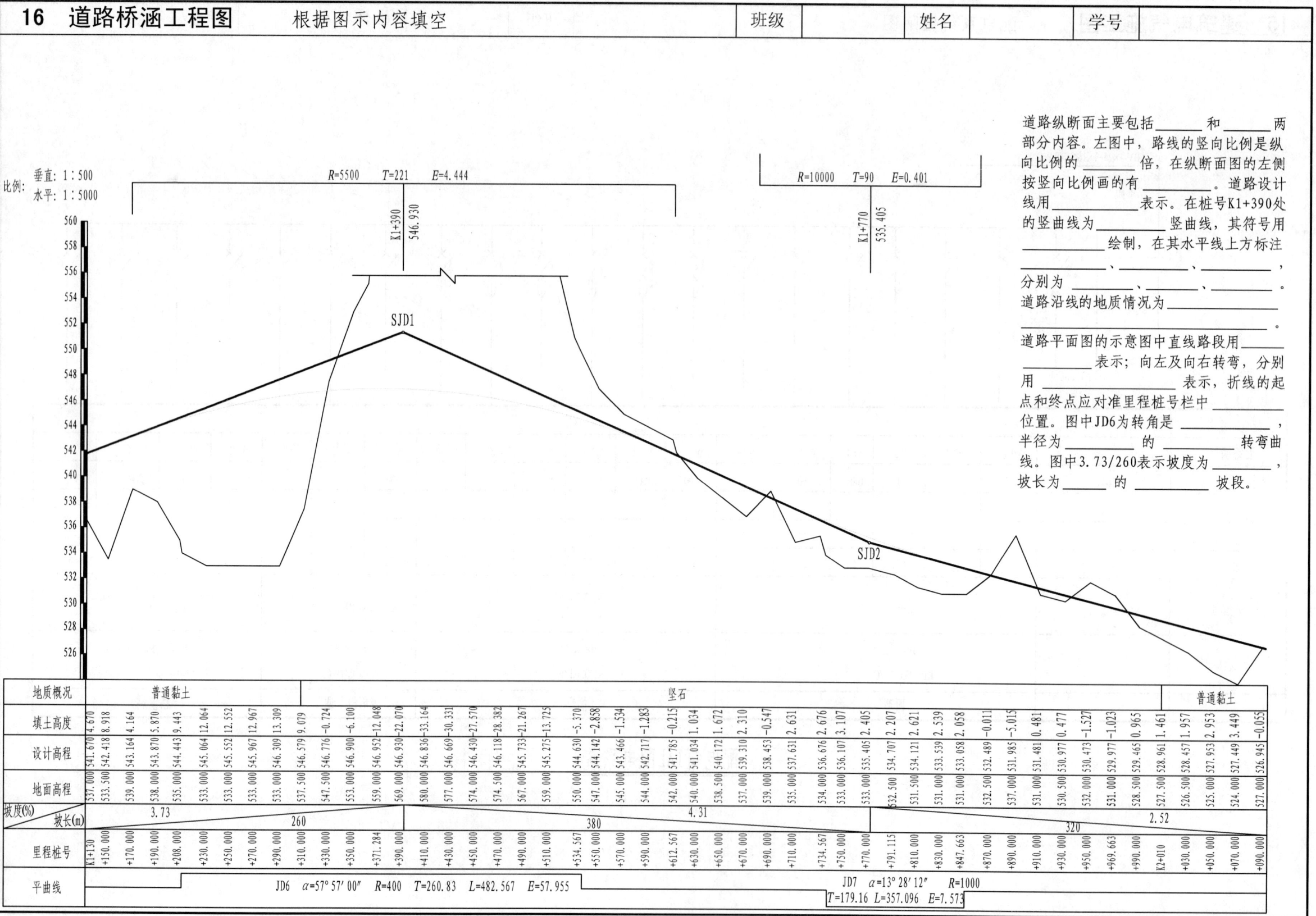

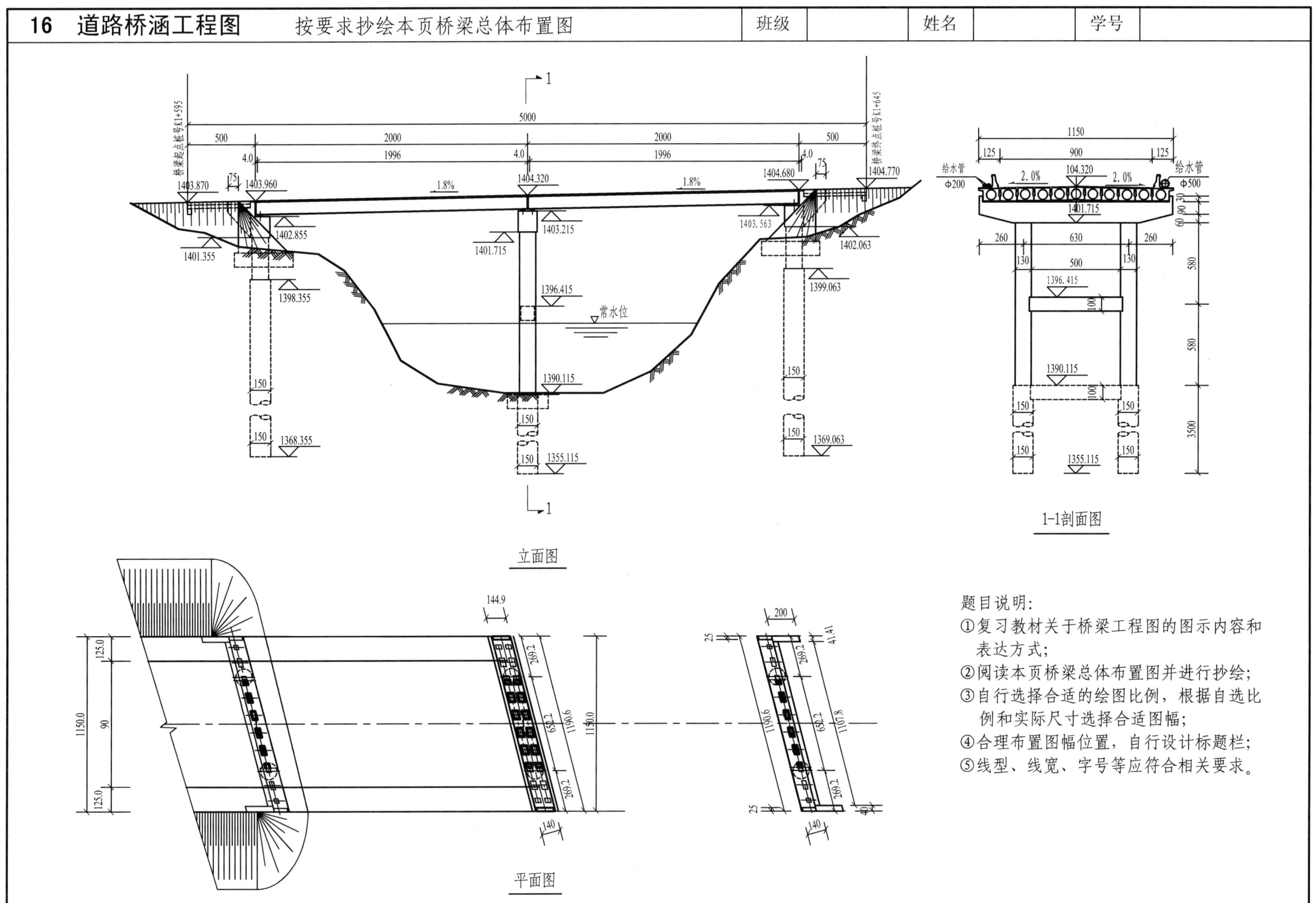

17 机械图 选择填空（在括号内选择正确答案填空）

(1) 在一张图纸上，基本视图如按规定位置配置，则_____（需要/不需要）标注。

(2) 在半剖视图中，半个视图和半个剖视图的分界线是_____（波浪线/细点划线）。

(3) 在局部剖视图中，视图和剖视图的分界线是_____（波浪线/细点划线）。

(4) 当剖切平面通过机件的肋和薄壁等结构的厚度对称平面（即纵向剖切）时，这些结构按_____（不剖/剖切）绘制。

(5) 绘制断面图时，当剖切平面通过由回转面形成的孔、凹坑的轴线时，这些结构按_____（剖面/剖视）绘制。

(6) 重合断面的轮廓线用_____（粗实线/细实线/波浪线/细点划线）绘制。

(7) 两直齿圆柱齿轮啮合，$z_1=17$，$z_2=40$，模数 $m=2.5$，则两齿轮的分度圆直径分别为 $d_1=$ _____ mm，$d_2=$ _____ mm，中心距 $a=$ _____ mm。

(8) 在装配图中，相邻的两个金属零件剖面线的倾斜方向相反或方向一致而间隔_____（不等/相等）。但同一零件在各个视图中，其剖面线的方向和间隔应_____（一致/不同）。

(9) 夸大画法是装配图的_____（规定画法/特殊画法），拆卸画法是装配图的_____（规定画法/特殊画法）。

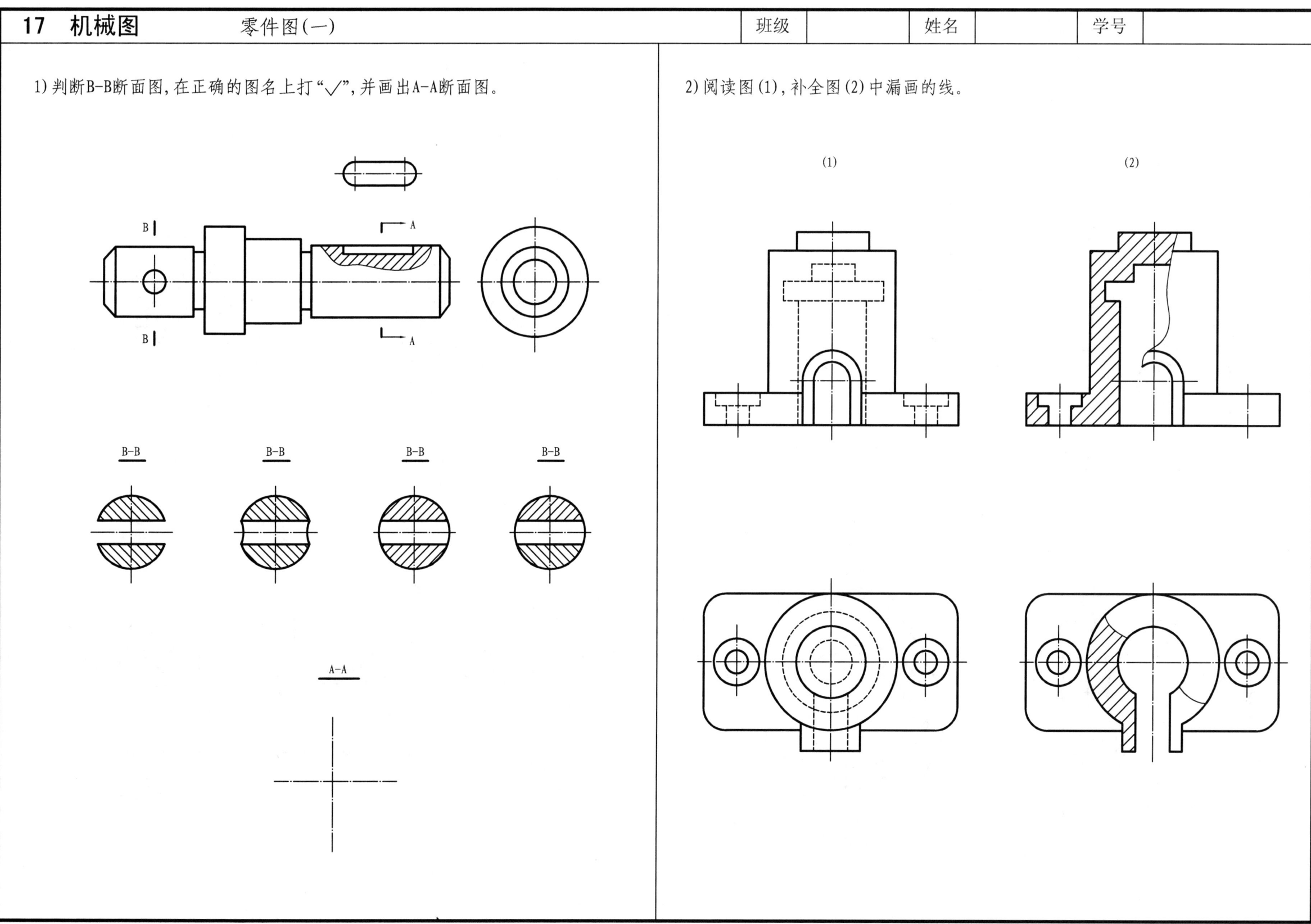

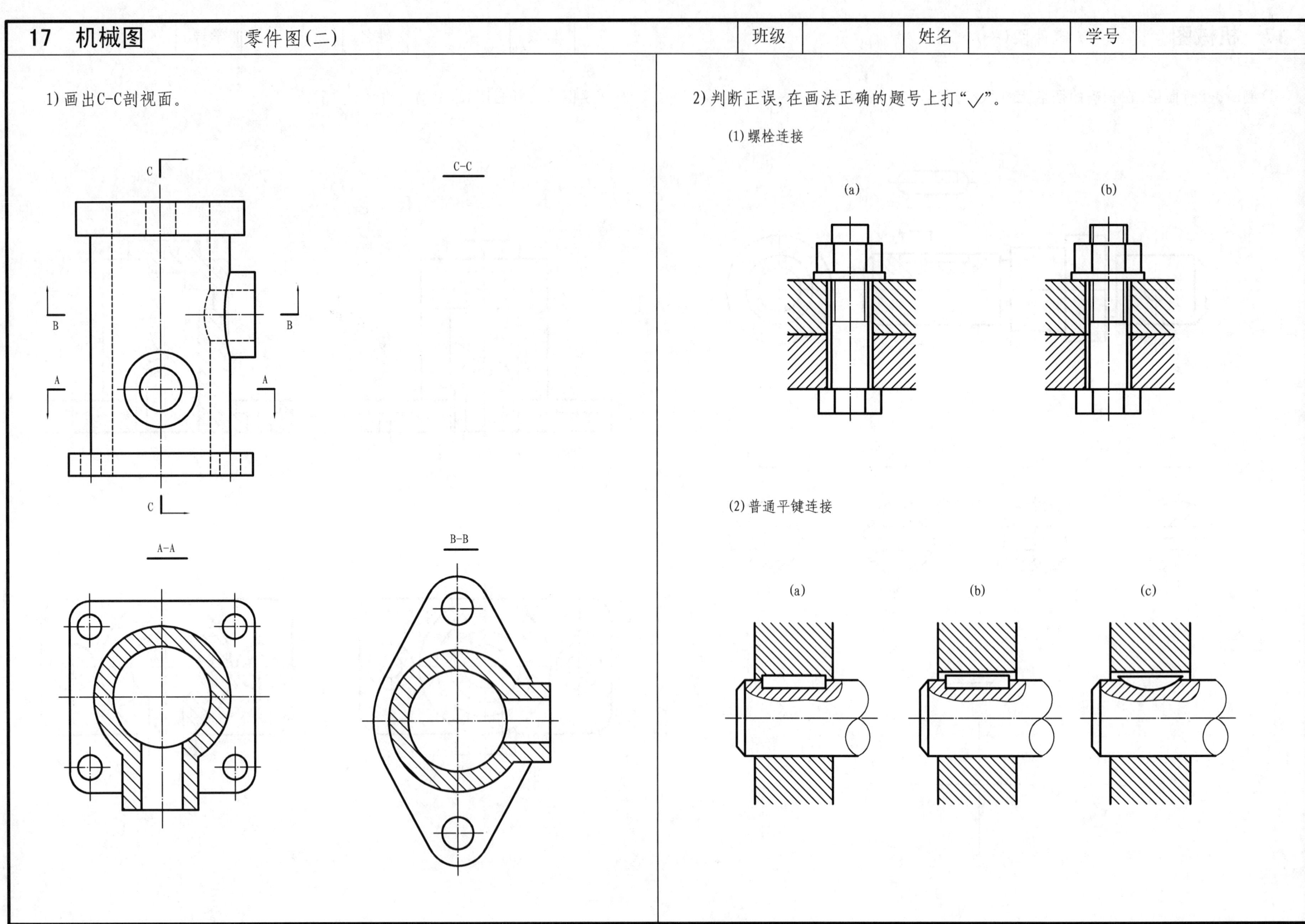

17 机械图   装配图

附图:

作业一 抄绘装配图

1) 目的

(1) 熟悉机械图中的常用零件的画法。
(2) 掌握装配图的绘图步骤和方法。

2) 内容

熟悉教材第 17 章的内容后,抄绘附图。

3) 要求

(1) 图纸:3 号白图纸、透明描图纸各一张。
(2) 图名:正滑轴承装配图。
(3) 比例:1∶2。
(4) 图线:可见轮廓线线宽为 0.7 mm,图例线、定位轴线、尺寸线线宽为 0.18 mm。
(5) 字体:汉字为长仿宋字,图中文字用 5 号字,图名用 7 号字。图中字母、尺寸数字、编号用 3.5 号字。
(6) 图中未尽尺寸,按比例从图中直接量取。

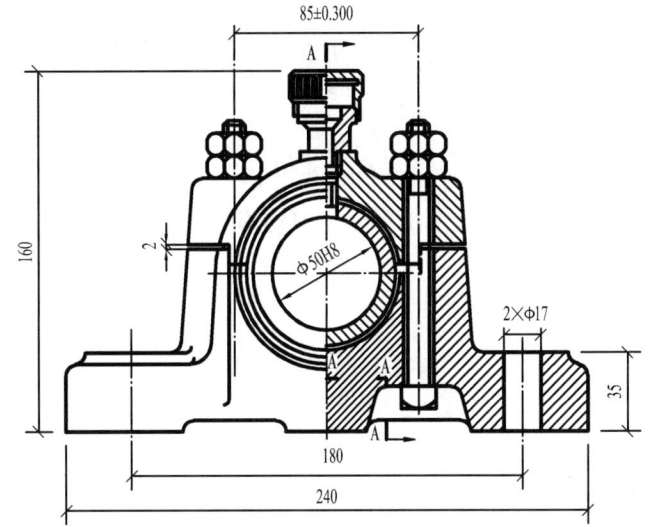
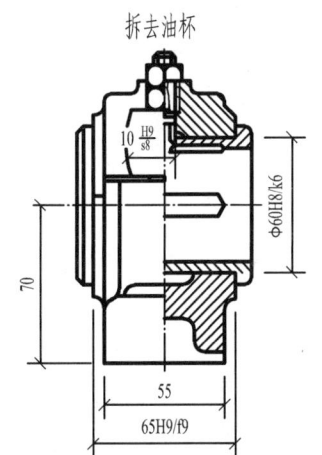
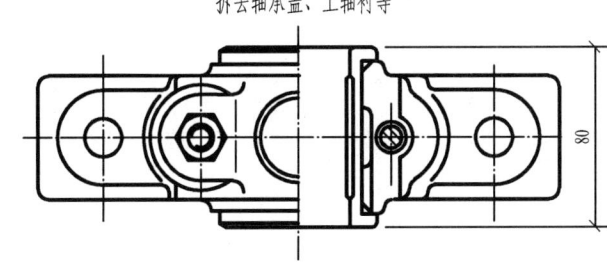

参 考 文 献

[1] 唐人卫. 画法几何及土木工程制图习题集[M]. 南京:东南大学出版社,1999
[2] 朱育万,卢传贤. 画法几何及土木工程制图习题集[M]. 北京:高等教育出版社,2005
[3] 何铭新,谢步瀛. 画法几何及土木工程制图习题集[M]. 武汉:武汉理工大学出版社,2003
[4] 魏海,孙怀林. 画法几何及土木工程制图习题集[M]. 南京:河海大学出版社,2008
[5] 王冰. 工程制图与 AutoCAD 习题集[M]. 北京:机械工业出版社,1998
[6] 周佶,等. 土木工程制图习题集[M]. 北京:中国水利水电出版社,2010